SAGESSES MÉDIÉVALES

Collection dirigée

par

Aymon de Lestrange

TRAITÉ DES RAPPORTS ENTRE LES RAPIDITÉS DANS LES MOUVEMENTS

suivi de

SUR LES RAPPORTS DE RAPPORTS

DANS LA MÊME COLLECTION

Parus

Thomas d'Aquin, *Commentaire du* Traité de l'interprétation *d'Aristote*, par Bruno et Maylis Couillaud.

Théologie et cosmologie au XIIe siècle. L'École de Chartres (Bernard de Chartres, Guillaume de Conches, Thierry de Chartres, Guillaume de Saint-Thierry), par Michel Lemoine.

De la théologie aux mathématiques. L'Infini au XIVe siècle. Textes choisis sous la direction de Joël Biard et Jean Celeyrette.

Être-Essence-Contingence (Henri de Gand, Gilles de Rome, Godefroid de Fontaines), par Catherine König-Pralon.

Saint Thomas d'Aquin, *L'Astrologie – Les Opérations cachées de la nature – Les Sorts*, par Bruno Couillaud.

Jean Duns Scot, *La Cause du vouloir* suivi de *L'Objet de la jouissance*, par François Loiret.

Aristote, *Les Métaphysiques*, traduction analytique par André de Muralt.

THOMAS BRADWARDINE

TRAITÉ DES RAPPORTS ENTRE LES RAPIDITÉS DANS LES MOUVEMENTS

suivi de

NICOLE ORESME

SUR LES RAPPORTS DE RAPPORTS

Introduction, traduction, et commentaires
de
Sabine Rommevaux

PARIS

LES BELLES LETTRES

2010

95, bd Raspail, 75006 Paris.
www.lesbelleslettres.com

ISBN : 978-2-251-18109-7

INTRODUCTION

Le *Traité des rapports* de Thomas Bradwardine (daté de 1328) et le traité *Sur les rapports de rapports* de Nicole Oresme (composé entre 1351 et 1360) constituent deux textes fondamentaux de la philosophie naturelle au XIVe siècle. Il y est question de la relation qui existe entre la rapidité d'un mouvement, la puissance du moteur et la résistance du mobile[1]. Ce problème trouve son origine dans des passages de la *Physique* d'Aristote (au livre IV, au livre VIII, et au chapitre V du livre VII), ainsi que du traité *Du ciel*. Ainsi, Aristote explique que si un moteur meut un mobile avec une certaine rapidité, un moteur de puissance double meut un mobile ayant une résistance double avec la même rapidité[2]. D'aucuns en déduisirent que la rapidité est égale au rapport entre la puissance et la résistance, mais des paradoxes découlent de cette formulation dont certains ont déjà été soulevés par Aristote lui-même. Par exemple, si un moteur meut un mobile sur une certaine distance, le même moteur meut un mobile de résistance double sur une distance deux fois moindre. Ainsi, un même moteur peut mouvoir un mobile de résistance quadruple, etc., à l'infini. Par conséquent,

1. Nous parlerons de rapidité plutôt que de vitesse, afin de distinguer la notion médiévale de *velocitas* de la notion post-galiléenne de vitesse. La *velocitas* est, pour la plupart des médiévaux, considérée comme une qualité du mouvement ou de la chose mue ; la qualité contraire est la *tarditas*, ou lenteur. Par ailleurs, nous entendons par « moteur » (*motor* en latin) ce qui meut et par « mobile » (*mobile*) ce qui est mû.

2. Aristote, *Physique*, VII, v, 250a 4-6.

tout moteur peut mouvoir un mobile de résistance quelconque, aussi grande que l'on veut. Autre paradoxe : un moteur de puissance deux fois moindre peut mouvoir un même mobile avec une rapidité deux fois moindre ; ainsi, un homme pourrait mouvoir un bateau que vingt hommes meuvent, même si c'est beaucoup plus lentement, alors que l'expérience nous prouve qu'il ne pourrait pas le déplacer[3].

La question d'une formulation satisfaisante d'une règle du mouvement se retrouve donc naturellement dans les nombreux commentaires suscités par la lecture des traités aristotéliciens, que ce soit dans le monde arabe (par exemple dans les commentaires d'Avempace ou d'Averroès), ou dans le monde latin.

Dans la première moitié du XIVe siècle, certains maîtres ès arts des collèges d'Oxford renouvellent l'étude de la philosophie naturelle en introduisant massivement les raisonnements et les outils mathématiques dans le traitement des questions physiques (parfois même des questions théologiques). Ces maîtres sont souvent cités sous l'appellation « *calculatores* ». Thomas Bradwardine, qui enseigna à Merton College entre 1324 et 1335[4], faisait partie de ce groupe, auquel appartenaient Richard Kilvington, Guillaume Heytesbury, Richard

3. Aristote, *Physique*, VII, v, 250 a 10-18.

4. Thomas Bradwardine (env. 1300-1349) faisait partie de l'ordre des Ermites de Saint Augustin. Dans les registres de l'université d'Oxford, il apparaît comme bachelier ès arts du Balliol College en 1321, puis maître ès arts à Merton College en 1323. Ses ouvrages de mathématiques, de logique et de philosophie naturelle ont été rédigés lors de son séjour à Merton College, entre 1324 et 1335. Après cette période, Bradwardine rejoignit l'entourage de Richard de Bury, alors évêque de Durham. En 1337, sous doute après avoir obtenu sa maîtrise en théologie, il fut nommé chancelier de Saint-Paul de Londres. Il enseigna alors la théologie. Son fameux ouvrage polémique, le *De causa Dei contra Pelagium*, est probablement le résultat de cet enseignement. À partir de 1339, Bradwardine devint chapelain d'Edouard III et participa à la compagne de France. Il mourut quelques semaines après avoir été nommé archevêque de Cantorbery en 1349 (voir la notice « Thomas Bradwardine » de Jean Celeyrette dans *Dictionnaire du Moyen Âge*, sous la direction de Claude Gauvard, Alain de

Swineshead ou Jean Dumbleton, pour ne citer que les plus célèbres. L'intérêt de Bradwardine pour les mathématiques et leur application aux questions physiques est visible dans certains des ouvrages qu'il a rédigés durant son séjour à Oxford. Retenons ainsi qu'il a composé une *Arithmétique spéculative*[5] sur le modèle de l'*Institution arithmétique* de Boèce et une *Géométrie spéculative*[6] qui connut un vif succès au Moyen Âge et à la Renaissance, si l'on en juge par le nombre important de manuscrits puis d'éditions qui la contiennent. Dans le troisième chapitre de cette géométrie, il expose une théorie des rapports et des proportionnalités qu'il reprend, avec une formulation différente, dans son *Traité des rapports*. Et dans un traité *Sur le continu*[7], organisé selon la forme euclidienne en axiomes, définitions et propositions, il réfute mathématiquement la possibilité pour un continu d'être composé d'indivisibles et clôt ainsi un débat qui a agité les maîtres oxoniens durant quelques années.

De même qu'il a isolé la question du continu des commentaires sur les textes théologiques auxquels elle était traditionnellement rattachée, Thomas Bradwardine traite la question du mouvement dans un traité indépendant, uniquement consacré à ce problème. Son *Traité sur les rapports* se compose de quatre chapitres, dont le premier est consacré à l'énoncé des propriétés des rapports et des proportionnalités utiles à son étude. Dans la deuxième partie, il expose et discute quatre thèses soutenues par ses prédécesseurs sur l'interprétation

Libera, Michel Zink, Paris, Presses Universitaires de France, 2002, p. 1385-1387).

5. Voir l'édition faite par Pedro Sanchez en 1502 à Paris.

6. Thomas Bradwardine, *Geometria speculativa*, Latin Text and English Translation with an Introduction and a Commentary by George Molland, Stuttgart, F. Steiner Verlag, 1989.

7. Le traité a été édité par John E. Murdoch, *Geometry and the Continuum in the Fourteenth Century: a Philosophical Analysis of Thomas Bradwardine's Tractatus De continuo*, Ph. D, University of Wisconsin, 1957. J'en ai traduit un extrait en français dans Joël Biard et Jean Celeyrette (éds.), *De la théologie aux mathématiques. L'infini au XIVe siècle*, « Sagesses médiévales », Paris, Les Belles Lettres, 2005, p. 89-135.

que l'on doit donner de la proportionnalité entre la rapidité, la puissance et la résistance. Puis, le troisième chapitre est consacré à sa règle du mouvement[8], qu'il présente comme une cinquième opinion à laquelle il se rallie et contre laquelle il soulève lui-même certaines objections auxquelles il répond. Enfin, dans le dernier chapitre, il s'interroge sur la mesure de la rapidité selon le type de mouvement et clôt son traité avec la question de la proportionnalité entre les quatre éléments (terre, eau, air, feu) ; là encore, les outils mathématiques utiles sont rappelés dans une première partie.

Le *Traité des rapports* de Thomas Bradwardine eut une fortune immédiate, aussi bien en Angleterre que sur le continent. Il est ainsi utilisé comme manuel d'enseignement dans certaines universités au Moyen Âge, puis à la Renaissance, comme en témoignent les recueils de questions qui s'y réfèrent (par exemple les *Questions sur le traité des rapports du maître Thomas Bradwardine* rédigées à la fin du XIVe siècle par Blaise de Parme[9])

8. Cette règle est traditionnellement appelée « loi de Bradwardine ». Nous n'emploierons pas cette expression, car il ne s'agit pas ici d'une loi physique au sens où on l'entendra à partir du XVIIe siècle. Il est en effet étranger à la pensée des auteurs du XIVe siècle que la nature soit réglée par des lois mathématiques. Par ailleurs, l'attribution de la paternité de cette règle à Thomas Bradwardine a été remise en cause. Elzbieta Jung pense que la règle a d'abord été énoncée par Richard Kilvington, dans ses *Questions sur la Physique* (voir Elzbieta Jung-Palczewska, « Works by Richard Kilvington », *Archives d'histoire doctrinale et littéraire du Moyen Âge* 67 (2000), p. 181-223; en particulier, p. 207-214). Outre la question de la chronologie entre les œuvres de ces deux auteurs, qui n'est pas totalement assurée, puisque le texte de Richard Kilvington n'est pas daté, il faut remarquer que, dans ses *Questions sur la Physique,* Richard ne donne pas un énoncé général de la règle du mouvement, mais se contente de cas particuliers (voir dans l'article de E. Jung, la note 122, p. 209). Thomas Bradwardine semble être le premier à présenter, dans un traité autonome, la règle, avec ses présupposés mathématiques et ses conséquences.

9. Blaise de Parme, *Questiones circa Tractatum proportionum magistri Thome Braduardini,* Introduction et édition critique de Joël Biard et Sabine Rommevaux, « Textes philosophiques du Moyen Âge », Paris, Vrin, 2005. Blaise de Parme (mort en 1416) enseigna la logique, la philosophie morale et la philosophie naturelle dans plusieurs universités du Nord de l'Italie. Il a rédigé des ouvrages d'optique, de logique, de physique.

ou encore les ouvrages qui reprennent de manière simplifiée son contenu (nous en avons un exemple avec le *Traité des rapports* du maître parisien du XIVe siècle, Albert de Saxe[10]).

Nicole Oresme fut un maître ès arts renommé de l'université de Paris au milieu du XIVe siècle[11]. Toutefois, nous ne savons pas s'il a pu enseigner la règle du mouvement à l'aide du traité de Thomas Bradwardine ; il ne semble pas qu'il faille nécessairement relier à l'enseignement son traité *Sur les rapports de rapports.* La compréhension de ce texte requiert une bonne connaissance des notions mathématiques qui fondent la théorie des rapports et des proportionnalités et une bonne maîtrise des manipulations sur ces objets. Le vif intérêt de Nicole Oresme pour les mathématiques n'apparaît pas seulement dans ce traité, mais se retrouve dans d'autres ouvrages du maître parisien : ses *Questions sur la géométrie d'Euclide*[12], son traité *À ceux dont l'attention se porte sur un petit nombre de sujets*[13], son *Traité sur la commensurabilité ou l'incommensurabilité des mou-*

10. Hubert L. L. Busard, *Der* Tractatus Proportionum *von Albert von Sachsen*, Wien-New York, Springer, 1971.

11. Nicole Oresme (env. 1320-1382) réussit une brillante carrière universitaire, ecclésiastique et politique. Après avoir obtenu sa maîtrise ès arts à la nation normande de l'université de Paris vers 1341-1342, il enseigna au Collège de Navarre tout en étudiant la théologie. Ses ouvrages de philosophie naturelle et de mathématiques datent de cette période. Devenu maître en théologie en 1356, il fut nommé Grand Maître du Collège de Navarre. À partir de 1362, il fut chanoine puis doyen à la Cathédrale de Rouen. En 1377, il fut nommé évêque de Lisieux. Membre de la cour du roi Charles V, il entreprit pour ce dernier des traductions commentées en français de plusieurs traités d'Aristote et rédigea des ouvrages sur les monnaies (voir la notice « Nicole Oresme » de Jean Celeyrette dans *Dictionnaire du Moyen Âge, op. cit.*, p. 987-989).

12. Nicole Oresme, *Questiones super geometriam Euclidis*, ed. by Hubert L. L. Busard, Leiden, Brill, 1961.

13. Ce traité a été édité par Edward Grant en même temps que le traité *Sur les rapports de rapports.* Voir Nicole Oresme, *De proportionibus proportionum and Ad pauca respicientes*, Edited with Introduction, English Translation and Critical Notes by Edward Grant, Madison, University of Wisconsin Press, 1966.

vements célestes[14], son fameux *Traité des configurations des qualités et des mouvements*[15], son *Algorithme des rapports*[16], ou encore ses *Questions sur la physique*[17].

Le texte du traité *Sur les rapports de rapports* de Nicole Oresme, tel qu'il nous est parvenu, s'organise en quatre chapitres. Il semblerait que le texte initial ait contenu deux chapitres supplémentaires qui sont perdus[18]. En effet, à la fin du prologue, lorsque Oresme présente les différents chapitres, il parle d'un cinquième chapitre consacré aux rapidités des mouvements et d'un sixième chapitre sur l'incommensurabilité des mouvements célestes[19]. Et dans le quatrième chapitre, Oresme évoque des conclusions sur l'incommensurabilité des mouvements du ciel qu'il a déjà exposées dans un autre traité et sur lesquelles il se propose de revenir dans ce qu'il nomme « le dernier chapitre »[20]. Sur les quatre chapitres que nous possédons, trois sont consacrés à la théorie des rapports et des rapports de rapports. Oresme y développe et amplifie une théorie esquissée par Bradwardine. Dans le quatrième chapitre, il expose la règle du mouvement du maître anglais et en tire des conclusions sur le mouvement des planètes et leur conjonction, dans le but de saper un des fondements de l'astrologie qu'il combat.

Les traités sur les rapports de Thomas Bradwardine et Nicole Oresme ont été édités en latin, accompagnés d'une

14. Edward Grant, *Nicole Oresme and the Kinematics of Circular Motion, « Tractatus de commensurabilitate vel incommensurabilitate motuum celi »*, Madison-Milwaukee-London, The University of Wisconsin Press, 1971.

15. Marshall Clagett, *Nicole Oresme and the Medieval Geometry of Qualities and Motions*, Madison, University of Wisconsin Press, 1968.

16. Édition critique et traduction française dans Sabine Rommevaux, *Théories des rapports (XIIIe-XVIe siècles) : réception, appropriation, innovation*, Turnhout, Brepols, à paraître.

17. Edition par Stefano Caroti, Jean Celeyrette, Stefan Kirschner et Edmond Mazet, à paraître.

18. Voir le commentaire d'Edward Grant dans Nicole Oresme, *De proportionibus proportionum…*, *op. cit.*, p. 72-81.

19. Voir dans ce volume, p. 78.

20. Voir p. 171.

traduction anglaise et de commentaires ; celui de Bradwardine en 1955 par H. Lamar Crosby[21], et celui d'Oresme par Edward Grant en 1966[22]. Ces deux auteurs ont proposé une interprétation moderne des théories mathématiques mises en place par les maîtres du XIVe siècle, voyant dans la théorie des rapports de rapports les prémisses d'une théorie des puissances non entières des nombres fractionnés. En de nombreux endroits, il nous semble que cette interprétation oriente la traduction et les commentaires dans un sens qui ne rend pas justice au contenu des théories qui sont développées dans ces textes et peut même être source d'erreurs.

Nous présentons ici une traduction française de ces deux traités, à partir des éditions latines de H. L. Crosby et E. Grant (en quelques occasions, nous avons modifié la ponctuation ou choisi une autre leçon dans l'apparat critique, si le texte nous semblait plus compréhensible ainsi). Nous avons cherché autant que possible à respecter la lettre et l'esprit des textes. Les passages rendus difficiles par le peu de familiarité qu'un lecteur moderne a avec les notions anciennes, parfois obsolètes, et les types de raisonnements propres au Moyen Âge sont éclairés dans les notes et dans notre partie introductive. Dans le commentaire qui suit, nous proposons une analyse de ces textes, en montrant comment Thomas Bradwardine et Nicole Oresme s'inscrivent dans des traditions anciennes qu'ils dépassent.

– I –

La théorie des rapports et des proportionnalités

La question du mouvement telle qu'elle est posée par Thomas Bradwardine, puis, à sa suite, par Nicole Oresme,

21. H. Lamar Crosby, *Thomas Bradwardine. His Tractatus de Proportionibus. Its significance for the Development of Mathematical Physics*, Madison, University of Wisconsin Press, 1955.

22. Voir plus haut, note 13.

s'énonce en termes de rapport ou de proportionnalité reliant les rapidités, les puissances des moteurs et les résistances des mobiles. Bradwardine et Oresme sont donc conduits, comme ils le remarquent dès le début de leurs traités, à présenter quelques rappels sur ces notions mathématiques qu'ils jugent difficiles. Toutefois, l'exposé qui constitue le premier chapitre du traité de Bradwardine dépasse quelque peu le cadre de ce qui est strictement nécessaire à l'étude de la règle du mouvement et constitue un petit traité en soi sur les rapports et les proportionnalités. Bradwardine s'inscrit alors largement dans le cadre de traditions qui remontent aux mathématiques grecques, même s'il les dépasse sur certains points. Nicole Oresme, quant à lui, prend prétexte du problème physique pour développer une théorie mathématique tout à fait nouvelle, même si ses fondements se trouvent dans les *Éléments* d'Euclide.

1. Les rapports et les proportionnalités

Plusieurs sources sont disponibles du temps de Thomas Bradwardine pour l'étude des rapports et des proportionnalités: tout d'abord, les livres V et VII des *Éléments* d'Euclide, dans la version que composa Campanus au milieu du XIIIe siècle[23]; puis l'*Arithmétique* de Boèce, qui fit connaître au monde latin, dès le VIe siècle, la théorie des rapports et des proportionnalités de Nicomaque[24]. Bradwardine utilise par ailleurs l'*Arithmétique* de

23. Campanus, mathématicien et astronome, membre de la cour des papes Urbain IV et Boniface VIII, composa vers 1260 une version des *Éléments* d'Euclide qui connut un rapide succès au Moyen Âge. C'est à ce texte que Thomas Bradwardine et Nicole Oresme font référence lorsqu'ils évoquent le traité euclidien. Les *Éléments* de Campanus ont été imprimés une première fois à Rome dès 1482; plusieurs éditions suivront. Nous utiliserons dans ce qui suit l'édition critique du texte latin des *Éléments* de Campanus par Hubert H. L. Busard, *Campanus of Novara and Euclid's Elements*, Stuttgart, Franz Steiner Verlag, 2005 (dorénavant cité comme Campanus, *Elements*). Les traductions françaises des extraits de ce texte sont de moi.

24. Boèce, *Institution arithmétique*, texte établi et traduit par Jean-Yves Guillaumin, Paris, Les Belles Lettres, 1995.

Jordanus[25]. Il cite aussi un opuscule du mathématicien de langue arabe Aḥmad ibn Yūsuf (mort vers 912/913 à Bagdad), traduit en latin au XIIe siècle par Gérard de Crémone[26]. Il fait enfin référence à un petit traité sur les rapports du XIIIe siècle que Hubert Busard attribue probablement à tort à Jordanus de Némore[27].

Thomas Bradwardine emprunte à Campanus la définition classique du rapport comme relation entre quantités de même genre[28]. Et c'est toujours en s'inspirant du commentaire de Campanus à cette définition qu'il présente la division des rapports en rapports rationnels et rapports irrationnels. Mais il s'écarte aussitôt des propos de son prédécesseur en introduisant la notion de dénomination pour distinguer ces deux types de rapports. Il explique en effet que les rapports rationnels sont immédiatement dénommés par un nombre, comme le rapport double, entre 2 et 1, est dénommé par 2, alors que les rapports irrationnels sont dénommés seulement médiatement par un autre rapport, comme le rapport entre la diagonale et le côté d'un même carré est nommé « moitié du rapport double ». Bradwardine n'est pas plus explicite à ce sujet. Nous en restons là nous aussi pour le moment, mais nous verrons comment Nicole Oresme développe sa théorie des rapports de rapports qui permet de donner un sens à ces expressions.

Bradwardine poursuit en donnant les définitions plus classiques des rapports rationnels et irrationnels : rationnels sont les rapports entre les quantités commensurables, c'est-à-dire les quantités qui sont mesurées par une même quantité (par exemple 2 et 3 qui sont mesurées par 1, ou $2\sqrt{2}$ et $3\sqrt{2}$ qui sont mesurées par $\sqrt{2}$) ; et irrationnels sont les rapports entre les quantités incommensurables, c'est-à-dire celles qui ne sont

25. Jordanus est connu pour ses ouvrages de mathématiques et de mécanique, qui en font un des plus importants savants du XIIIe siècle. Toutefois, on ne sait rien de sa vie.

26. La traduction latine de ce traité a été éditée par Sister M. Schrader dans *The "Epistola De Proportione et Proportionalitate" of Ametus filius Iosephi*, Ph. D, The University of Wisconsin, 1961.

27. Hubert L. L. Busard, « Die Traktate *De proportionibus* von Jordanus Nemorarius und Campanus », *Centaurus* 15 (1970), p. 193-227.

28. Voir la définition 3 du livre V dans Campanus (*Elements*, vol. I, p. 160).

mesurées par aucune quantité commune (par exemple 1 et $\sqrt{2}$). Notons que Bradwardine s'écarte de la terminologie euclidienne, en qualifiant les quantités commensurables de rationnelles et les quantités incommensurables d'irrationnelles. Il effectue alors un glissement terminologique entre les quantités et les rapports, qui n'est possible que si une quantité de référence est donnée[29]. Si $\sqrt{2}$ est incommensurable à 1, $\sqrt{2}$ est commensurable à $2\sqrt{2}$. Ainsi, il est nécessaire de prendre une quantité de référence, par exemple 1, pour que l'on puisse dire que $\sqrt{2}$ est irrationnelle.

Bradwardine poursuit son exposé en empruntant à Boèce la division due à Nicomaque des rapports rationnels en rapports d'égalité (entre des quantités égales) et d'inégalité (entre des quantités inégales) ; puis des rapports d'inégalité en rapports de plus grande inégalité (entre A et B avec $A > B$) et de plus petite inégalité (entre A et B avec $A < B$) ; et enfin des rapports de plus grande inégalité en les cinq espèces : rapports multiples (entre A et B avec $A = nB$, $n > 1$), rapports superpartients ($A = B+(1/k)B$, $k > 1$), rapports superparticuliers ($A = B+(p/q)B$, $p > 1$, $q > 1$, $p < q$), rapports multiples superpartients ($A = nB+(1/k)B$) et rapports multiples superparticuliers ($A = nB+(p/q)B$). Il évoque aussi les cinq espèces correspondantes des rapports de plus petite inégalité.

La deuxième partie du premier chapitre est consacrée aux proportionnalités, c'est-à-dire à des suites de quantités ayant entre elles des propriétés d'égalité de rapports[30] ou d'excès. Ainsi, des quantités A, B, C et D, avec $A > B$ et $C > D$, forment une proportionnalité arithmétique, si les excès de A sur B et de C sur D sont égaux ($A-B = C-D$). La proportionnalité est géométrique, si les rapports de A à B et de C à D sont égaux ($(A : B) = (C : D)$)[31]. Et enfin, si l'on a trois quantités A, B, C,

29. Voir à ce sujet, Sabine Rommevaux, *Théories des rapports (XIIIe-XVIe siècles)...*, *op. cit.*, chapitre 3.

30. Nous parlons ici d'égalité de rapports plutôt que de similitude, car Bradwardine utilise de manière équivalente l'égalité et la similitude des rapports.

31. Nous notons (A : B) le rapport entre A et B.

avec A > B > C, et que le rapport entre les extrêmes A et C est le même que le rapport entre les excès de A sur B et de B sur C ((A : C) = (A-B : B-C)), alors on a une proportionnalité harmonique. La source de cet exposé sur les trois proportionnalités est l'*Institution arithmétique* de Boèce.

Mais c'est à Aḥmad ibn Yūsuf que Thomas Bradwardine fait référence lorsqu'il évoque, pour les proportionnalités arithmétiques et géométriques, la distinction entre proportionnalités continues et proportionnalités discontinues. La proportionnalité A, B, C, D est continue lorsque A-B = B-C = C-D ou lorsque (A : B) = (C : D) = (C : D). Elle est discontinue si A-B = C-D, mais que A-B ≠ B-C, ou que (A : B) = (C : D), mais que (A : B) ≠ (B : C). Aḥmad avait remarqué que, dans le cas d'une proportionnalité continue, il est nécessaire que toutes les quantités soient de même genre, alors que, dans une proportionnalité discontinue, il suffit que A et B soient d'un genre, par exemple des lignes, et que C et D soient d'un autre genre, par exemple des surfaces.

Enfin, Bradwardine revient à Euclide, lorsqu'il présente les définitions des différents modes de manipulations sur les proportionnalités géométriques : la permutation (si (A : B) = (C : D) alors (A : C) = (B : D)), l'inversion (si (A : B) = (C : D) alors (B : A) = (D : C)), la conjonction (si (A : B) = (C : D) alors (A+B : B) = (C+D : D)) et l'égalité (on a deux séries A, B, C et E, F, G de quantités telles que (A : B) = (E : F) et (B : C) = (F : G)). Il ajoute un autre mode : le renversement (si (A : B) = (C : D) alors (A+B : A) = (C+D : C)).

Après l'exposé de ces notions fondamentales, Bradwardine en vient, dans la troisième partie du premier chapitre, à l'énoncé de quelques propriétés utiles à son étude du mouvement. Ainsi, il tire du petit opuscule de Ps-Jordanus évoqué plus haut une supposition selon laquelle, si l'on a deux quantités A et B entre lesquelles on insère une troisième quantité C, alors le rapport de A à B est composé du rapport de A à C et du rapport de C à B[32]. On peut généraliser ce dernier résultat en insérant plusieurs termes médians entre A et B. Nous verrons que cette règle joue un rôle fondamental dans tout le traité.

32. On notera dans la suite : (A : B) = (A : C)•(C : B).

Par ailleurs, Bradwardine met en place les notions de « double d'un rapport », de « triple », de « quadruple » etc. Il explique en effet que, si on a trois quantités proportionnelles A, B, C avec A > B > C, alors le rapport de A à C est le double du rapport de A à B, et que, si l'on a quatre quantités proportionnelles A, B, C, D avec A > B > C > D, alors le rapport de A à D est le triple du rapport de A à B, etc. Il ne faut pas comprendre ici que le double du rapport de A à B est deux fois ce rapport, mais ce rapport composé par lui-même ; quant au triple du rapport, c'est le rapport composé deux fois par lui-même, et ainsi de suite ; et sauf mention du contraire, c'est toujours en ce sens que l'on entendra le double ou le triple d'un rapport dans tout ce qui suit. Cette interprétation apparaît clairement dans la preuve que Bradwardine donne de la première conclusion : il explique en effet que, puisque le rapport de A à C est composé du rapport de A à B et du rapport de B à C, et que ces deux derniers rapports sont égaux, alors, d'après la définition de « double », le rapport de A à C est le double du rapport de A à B[33]. Il faut comprendre ici que la composition des rapports est une opération qui peut s'apparenter à une addition[34]. On peut faire le parallèle avec la composition ou l'addition des lignes : un segment AB composé avec un segment BC donne le segment AC.

Dans une autre série de conclusions, Bradwardine explique ce qu'il advient lorsque l'une des trois quantités A, B, C est le double d'une autre (au sens usuel de multiplication par deux), ou plus grande, ou plus petite que le double. Ainsi, la conclusion 3 explique que si A est plus grande que 2B et que B vaut 2C, alors le rapport de A à C est plus petit que le double du rapport de A à B (au sens donné plus haut au double d'un rapport)[35]. L'ensemble de ces conclusions

33. On a $(A : C) = (A : B)\bullet(B : C) = (A : B)^2$. De même $(A : D) = (A : B)\bullet(B : C)\bullet(C : D) = (A : B)^3$.

34. C'est d'ailleurs souvent ainsi que les médiévaux l'envisagent à la suite de Boèce. Voir Edith D. Sylla, « Compounding ratios, Bradwardine, Oresme, and the first edition of Newton's *Principia* », *in* E. Mendelsohn (ed.), *Transformation and Tradition in the Sciences, Essays in honor of I. Bernard Cohen*, Cambridge, Cambridge University Press, 1984, p. 11-43.

35. Si $A > 2B$ et $B = 2C$ alors $(A : C) = (A : B)^2$.

sera utile lorsqu'il s'agira pour Bradwardine d'examiner les cas où la puissance d'un moteur ou la résistance du mobile sont doublées.

Les outils mathématiques qui ont été ainsi mis en place par Thomas Bradwardine dans son *Traité des rapports* sont repris par Nicole Oresme, qui leur donne une autre dimension. L'exposé du maître parisien est en effet structuré dans le but de développer une théorie des rapports de rapports, à peine esquissée par le maître anglais.

2. Parties d'un rapport ; rapports de rapports

À la suite d'Edward Grant, qui édita le traité *Sur les rapports de rapports* de Nicole Oresme, certains historiens ont interprété les rapports de rapports en termes modernes, faisant intervenir des puissances non entières de nombres fractionnés. Ainsi, lorsque Oresme explique que le rapport octuple est le triple du rapport double, d'aucuns l'interprètent en écrivant : $(8/1) = (2/1)^3$. De même, le rapport entre la diagonale et le côté d'un carré, qui est nommé « moitié du rapport double » par les médiévaux, est transcrit ainsi par les modernes : $(2/1)^{1/2}$. Mais Paul Rusnock[36] a bien montré que cette interprétation, qui ferait de Nicole Oresme le précurseur d'une théorie des exponentiels, conduit leurs auteurs à mal interpréter la théorie oresmienne et notamment à soutenir qu'Oresme se serait trompé dans son exposé sur les rapports de plus petite inégalité. Ce dernier explique en effet que « le rapport de 4 à 1 est le double du rapport de 4 à 2 », ce qui est traduit en termes modernes par : $(4/1) = (4/2)^2 = (2/1)^2$; mais que « le rapport de 2 à 4 est le rapport de 1 à 4 doublé », soit, si l'on utilise la transcription moderne : $(2/4) = (1/2) = (1/4)^2$. Cette écriture conduit les interprètes à considérer que la formulation d'Oresme serait fautive. Ainsi, dans les notes qui accompagnent sa traduction, Edward Grant souligne à plusieurs reprises les erreurs supposées du mathématicien médiéval. Mais

36. Paul Rusnock, « Oresme on ratios of lesser inequality », *Archives Internationales d'Histoire des Sciences,* fasc. 135, n° 45 (1995), p. 263-272.

Paul Rusnock explique qu'il faut s'en tenir à la lettre du texte oresmien et examiner avec attention ce qui fonde la théorie des rapports de rapports. L'écriture symbolique peut être un moyen d'éclairer telle formulation du mathématicien médiéval, difficilement compréhensible par un lecteur moderne, mais elle ne doit pas induire d'interprétation théorique abusive et fautive de la construction de Nicole Oresme.

Nous allons donc montrer comment Oresme s'inspire de la théorie euclidienne des rapports numériques (exposée au livre VII des *Éléments*), mais aussi de la théorie des rapports entre quantités continues[37] du livre V pour construire sa théorie des rapports de rapports. Pour ce faire, il nous faut expliquer comment les relations « être une partie » et « être des parties » sont au cœur de cette construction.

Dans la version de Campanus des *Éléments*, on trouve la définition suivante de la relation « être une partie » d'un nombre (définition 12 du livre VII) :

> Un nombre est une partie d'un nombre, un plus petit d'un plus grand, lorsque le plus petit mesure le plus grand[38].

En d'autres termes, un nombre A est une partie d'un nombre B, si A pris un certain nombre de fois est égal à B (A + A + … + A = B).

Quant à la relation « être des parties », elle est définie ainsi (définition 16 du livre VII) :

> Quand deux nombres ont une partie commune, le plus petit est dit être autant de parties du plus grand que la partie commune est dans le plus petit et ce sont les parties que celle-ci est du plus grand[39].

37. Reprenant la terminologie de Bradwardine et Oresme nous parlerons ici de quantités, quand Euclide parle de grandeurs, en soulignant que sous le terme de « quantités » les auteurs médiévaux comprennent aussi bien les grandeurs comme les lignes, les surfaces, les corps, mais aussi les temps etc., que les nombres entiers. Et par « quantité continue », nous entendrons une quantité indéfiniment divisible en parties qui sont elles aussi indéfiniment divisibles.

38. Campanus, *Elements*, vol. I, p. 230.

39. Campanus, *Elements*, vol. I, p. 230. La définition de la relation « être des parties » a une formulation beaucoup plus simple dans le texte grec

C'est-à-dire que A est des parties de B, s'il existe D une partie commune à A et B. Si D se trouve n fois dans A et m fois dans B, alors B contient n parties de A et ce sont des m-ièmes parties ($A = (n/m)B$).

En utilisant ces notions, Campanus définit le rapport entre deux nombres (définition 17 du livre VII)[40] :

> Est dit rapport d'un nombre relativement à un nombre, précisément d'un plus petit relativement à un plus grand, ce en quoi le plus petit est une partie ou des parties du plus grand; et rapport d'un plus grand relativement à un plus petit, ce selon quoi le plus grand le contient, et sa partie ou ses parties[41].

Le rapport est donc une relation entre deux nombres[42]. Lorsque l'on compare le plus petit au plus grand, il est exprimé par la partie ou les parties que le plus petit est du plus grand : si $A < B$ et si $A = (p/q)B$, le rapport de A à B est exprimé par p/q. Lorsque l'on compare le plus grand au plus petit, le rapport est exprimé par le nombre de fois que le plus grand nombre contient le plus petit, et la partie ou les parties du plus petit qui sont éventuellement en plus: si $A > B$, après avoir effectué la division euclidienne de A par B, on peut écrire $A = kB+(n/m)B$ et le rapport de A à B est exprimé par $k+(m/n)$.

Par suite, la proportionnalité numérique s'exprime en termes de partie: si l'on a, d'une part, A et B, tels que $A < B$, et d'autre part, C et D, avec $C < D$, A, B, C et D sont proportionnels si A est la même partie ou les mêmes parties de B que C de D[43].

des *Éléments.* Euclide se contente de dire qu'un nombre est des parties d'un nombre lorsque le plus petit ne mesure pas le plus grand. Campanus souhaite préciser ici quel est le numérateur et le dénominateur de ces parties. Toutefois, la définition qu'il propose pose un problème ; il peut y avoir plusieurs parties communes à A et B. La définition n'est pas univoque, si on ne précise pas que l'on prend la plus grande.

40. Notons que cette définition ne se trouve pas dans les *Éléments* d'Euclide.

41. Campanus, *Elements,* vol. I, p. 230.

42. L'idée de relation est exprimée dans le texte latin par les expressions « in eo quod » et « secundum quod » que nous avons traduites par « ce en quoi » et « ce selon quoi ».

43. L'énoncé de la proportionnalité est plus complexe dans la version de Campanus. Il passe en effet par la notion de dénomination. Mais le

Remarquons que ces définitions, qui sont données au début du livre VII des *Éléments* pour les nombres entiers, peuvent valoir tout autant pour les quantités continues. Rappelons toutefois qu'Euclide a préféré introduire la notion d'équimultiple pour définir la proportionnalité des grandeurs au livre V. Mais il aurait tout aussi bien pu la définir à l'aide de la notion de partie, comme l'ont démontré al-Jayyānī, mathématicien andalou du XIe siècle, et Christoph Clavius, professeur fameux au collège jésuite de Rome, à la fin du XVIe siècle et au tout début du XVIIe siècle [44].

Nicole Oresme s'inspire de ces définitions pour parler de la partie ou des parties d'un rapport et du rapport rationnel entre des rapports. À l'addition des quantités, qui entre en jeu dans la définition de la partie par l'intermédiaire de l'opération de mesure, correspond alors la composition des rapports. Ainsi, un rapport R sera une partie d'un rapport T, si T se décompose en rapports égaux à R. Et T est dit être un multiple de R.

Mais comment savoir que le rapport T se décompose ou se divise ainsi en des rapports égaux à R? Il faut utiliser l'insertion de médians entre les termes du rapport T. Prenons par exemple le rapport octuple, entre 8 et 1. On insère entre ses termes les médians proportionnels 4 et 2. On a: (8 : 1) = (8 : 4) •(4 : 2)•(2 : 1). Ainsi, le rapport octuple se décompose en trois rapports égaux au rapport double[45]. Faisant le parallèle avec les nombres, on peut dire que le rapport double est le tiers du rapport octuple, et que le rapport octuple est le triple du rapport double. Par conséquent, le rapport entre le rapport octuple et le rapport double est le rapport triple.

Prenons maintenant le rapport octuple et le rapport quadruple. Nous avons vu que le rapport octuple se décompose en

résultat est le même (voir ses définitions 20 et 21, *Elements*, vol. I, p. 230).

44. Voir Sabine Rommevaux, *Clavius : une clé pour Euclide*, « Mathesis », Paris, Vrin, 2005, chapitre IV.

45. Au début du premier chapitre, Nicole Oresme propose une définition plus large de la partie, en ne supposant pas que les médians soient nécessairement proportionnels. Selon cette définition, le rapport (8 : 6) serait une partie du rapport (8 : 1), puisque (8 : 1) = (8 : 6)•(6 : 1).

trois rapports égaux au rapport double. De la même manière, par l'insertion du médian 2 entre 4 et 1, on montre que le rapport quadruple se décompose en deux rapports égaux au rapport double : (4 : 1) = (4 : 2)•(2 : 1). Ainsi, le rapport double est une partie commune aux rapports octuple et quadruple. S'inspirant alors de la définition de la relation « être des parties » dans les nombres, on dira que le rapport quadruple est des parties du rapport octuple, plus précisément qu'il est les deux tiers du rapport octuple. Et par suite, le rapport entre le rapport octuple et le rapport quadruple sera comme le rapport de 3 à 2, c'est-à-dire le rapport sesquialtère.

Dans son *Traité des rapports*, Thomas Bradwardine ne définit pas les relations « être une partie » et « être des parties » dans les rapports, mais il les utilise. Il parle ainsi d'un rapport qui est la moitié d'un autre rapport à propos, par exemple, du rapport sesquioctave (de 8 à 7) dont la moitié constitue la moitié du ton en musique, ou du rapport entre la diagonale et le côté d'un même carré qui est la moitié du rapport double[46]. Si, dans les exemples présentés plus haut, les médians insérés entre les termes des rapports étaient des nombres entiers, il n'est pas interdit que ce soient des fractions, des racines, etc. Ainsi, le médian proportionnel entre 1 et 2 est $\sqrt{2}$. Donc le rapport de $\sqrt{2}$ à 1, qui est par exemple le rapport de la diagonale au côté d'un même carré, est la moitié du rapport double. On trouve aussi cet exemple dans le texte de Nicole Oresme ; toutefois il faut noter que ni Bradwardine, ni Oresme n'explicitent le médian entre 1 et 2 en terme de racine.

Par ailleurs, Bradwardine montre que « le rapport entre deux sphères quelconques a, relativement au rapport de leurs surfaces prises dans le même ordre, le rapport sesquialtère » (de 3 à 2)[47]. Auparavant, il avait montré que le rapport entre les volumes de deux sphères est le triple du rapport entre leurs diamètres et que le rapport entre les surfaces de ces sphères est le double du rapport entre leurs diamètres. Il en déduit natu-

46. Voir chapitre I, p. 5.
47. Voir chapitre IV, p. 64.

rellement que le rapport entre les volumes vaut trois demis du rapport entre les surfaces[48].

3. Opérations sur les rapports

La possibilité d'insérer entre les termes d'un rapport autant de médians proportionnels que l'on veut (ces médians n'étant pas nécessairement entiers) permet à Nicole Oresme de considérer tout rapport numérique comme une quantité continue divisible à l'infini : l'insertion de n médians proportionnels entre les deux termes d'un rapport permet de diviser ce rapport en $n+1$ parties égales[49].

Par ailleurs, Oresme présente une série d'opérations sur les rapports qui accentuent ce parallèle entre les rapports et les quantités continues. Considérons en premier lieu un rapport de plus grande inégalité (rapport entre a et b tels que $a > b$). Pour accroître un tel rapport, on peut considérer une quantité c plus grande que a : le rapport de c à b est plus grand que le rapport de a à b. On peut aussi considérer une quantité d plus petite que b, et c'est alors le rapport de a à d qui est plus grand que le rapport initial. Par exemple, on peut augmenter le rapport double entre 8 et 4, en prenant 9 : le rapport de 9 à 4 est plus grand ; ou en prenant 3 : le rapport de 8 à 3 est plus grand. Oresme explique que le rapport de c à b réalise bien l'accroissement du rapport de a à b, car le rapport de c à b est composé du rapport de c à a et du rapport de a à b et que, par conséquent, le rapport de a à b est une partie du rapport de c à b[50]. On voit donc que pour accroître un rapport de plus grande inégalité, il faut le composer avec un autre rapport de plus grande inégalité. La comparaison des rapports de plus grande inégalité s'exprime alors à l'aide de l'opération de composition : un rapport R est

48. En termes modernes : soit C le rapport entre les volumes, D le rapport entre les surfaces et E le rapport entre les diamètres, on a $D = E^2$ et $C = E^3$ donc $C = D^{3/2}$.

49. Voir ce que dit Nicole Oresme à ce sujet, dans le premier chapitre, p. 90.

50. Voir p. 81.

plus grand qu'un rapport S, si R est composé de S et d'un autre rapport de plus grande inégalité.

Comme pour les quantités, Oresme définit alors la soustraction et l'addition des rapports de plus grande inégalité. Pour soustraire un rapport S d'un rapport R, il faut déterminer le rapport T tel que R est composé de S et T. En pratique, si R est le rapport entre *a* et *b*, on détermine *c* tel que S soit le rapport de *a* à *c*, et T est le rapport de *c* à *b*.

$$R = (a : b),\ S = (a : c) \text{ et } (a : b) = (a : c)\bullet(c : b),$$
$$\text{donc } T = R\text{-}S = (c : b).$$

Quant à l'addition des rapports, elle est définie comme un prolongement de la composition. En effet, nous avons vu que la composition concerne deux rapports qui ont un terme commun : un rapport de *a* à *b* est composé avec un rapport de *b* à *c* et le résultat de cette composition, ou de cette addition, est le rapport de *a* à *c*. Si les rapports R et S n'ont pas de termes communs, on peut les additionner en revenant à la composition : si R est le rapport entre *a* et *b*, on va déterminer *c* tel que S soit le rapport de *b* à *c* et le résultat de l'addition de R et S sera le rapport de *a* à *c*.

$$R = (a : b),\ S = (b : c) \text{ donc } R+S = (a : c).$$

Pour les rapports de plus petite inégalité, Oresme explique que les opérations sont en quelque sorte inversées. Ainsi, pour accroître un rapport de plus petite inégalité, il faut insérer un médian entre ses termes. Par exemple, pour accroître le rapport sous-quadruple, de 1 à 4, on insère 3 entre 1 et 4 ; le rapport de 1 à 3 est plus grand que le rapport de 1 à 4. Pour le diminuer, on choisit un terme au delà du plus grand terme, par exemple 6 ; le rapport de 1 à 6 est plus petit que le rapport de 1 à 4. Ce faisant, Oresme pose que l'addition de deux rapports de plus petite inégalité correspond à la soustraction des rapports de plus grande inégalité et que la soustraction correspond à l'addition.

On a, pour $c < b < a$, $(c : a)+(b : a) = (c : b)$ et $(c : b)\text{-}(b : a) = (c : a)$.

Par exemple, le résultat de l'addition du rapport sous-sextuple, de 1 à 6, et du rapport sous-double, de 1 à 2, est le rapport sous-triple, de 1 à 3 ; en effet, le rapport de 1 à 6 est composé du rapport de 1 à 2 et du rapport de 2 à 6 (qui est aussi le rapport de 1 à 3). Et soustraire le rapport sous-quadruple du rapport sous-double donne comme résultat le rapport sous-octuple ; en effet, le rapport de 1 à 4 composé avec le rapport de 1 à 2 (ou de 4 à 8) donne le rapport de 1 à 8.

On note qu'il est nécessaire d'inverser ainsi les opérations, si l'on souhaite que l'addition d'un rapport de plus petite inégalité à un autre accroisse le rapport initial et que la soustraction le diminue (on remarque que, dans les égalités précédentes, $(c : b) > (c : a)$). Dans l'exemple, par l'addition du rapport sous-double, le rapport sous-sextuple devient le rapport sous-triple, qui est plus grand, et par la soustraction du rapport sous-quadruple au rapport sous-double, on obtient le rapport sous-octuple plus petit.

En conséquence, on voit que, si l'on peut assimiler les rapports de plus grande inégalité aux nombres fractionnés qui leur correspondent – l'addition des rapports étant équivalente à la multiplication de ces nombres –, il n'en est pas de même pour les rapports de plus petite inégalité. Oresme considère ainsi deux classes de rapports, entre lesquelles il y a des correspondances, mais pour lesquelles les opérations ne sont pas les mêmes. Cette distinction entre les deux types de rapports vient de l'impossibilité de les comparer, comme nous allons le voir.

4. La comparaison des rapports

Puisque le rapport peut être considéré comme une quantité continue, on peut appliquer aux rapports la théorie des rapports du livre V des *Éléments* d'Euclide. On montre alors qu'il ne peut pas exister de rapport entre un rapport de plus grande inégalité et un rapport d'égalité, ni entre un rapport d'égalité et un rapport de plus petite inégalité, ni enfin entre un rapport de plus petite inégalité et un rapport de plus grande inégalité. En effet, le critère pour que deux quantités aient entre elles un rapport est que la plus petite prise autant de fois qu'il le faut soit plus grande que la plus grande (il existe un rapport entre A et B, avec $A < B$, s'il existe n tel que $nA > B$)[51]. Or si

51. Ce critère se trouve dans le texte grec des *Éléments,* à la définition 4 du livre V : « Des grandeurs sont dites avoir entre elles un rapport l'une relativement à l'autre quand elles sont capables, étant multipliées,

l'on compose un rapport d'égalité par lui-même autant de fois que l'on veut, le résultat est toujours un rapport d'égalité et, par conséquent, il reste plus petit que tout rapport de plus grande inégalité. De même, un rapport de plus petite inégalité composé autant de fois que l'on veut par lui-même donne un rapport de plus petite inégalité, qui est plus petit que le rapport d'égalité ou que tout rapport de plus grande inégalité. Il ne peut donc exister de rapport entre un rapport de plus grande inégalité et un rapport d'égalité ou un rapport de plus petite inégalité, ni entre un rapport d'égalité et un rapport de plus petite inégalité[52]. Par conséquent, la théorie des rapports de rapports ne peut s'appliquer que, d'une part, à la classe des rapports de plus grande inégalité et, d'autre part, à la classe des rapports de plus petite inégalité (définir un rapport entre des rapports d'égalité qui sont tous égaux entre eux n'a que peu d'intérêt).

Thomas Bradwardine comprend que ce résultat peut sembler paradoxal. Comment se fait-il que l'on ne puisse pas comparer un rapport d'égalité et un rapport de plus grande inégalité, alors que l'on voit bien, par exemple, que

de se dépasser l'une l'autre » (Euclide, *Les Éléments. Volume 2. Livres V à IX*, traduction et commentaires de Bernard Vitrac, « Bibliothèque d'histoire des sciences », Paris, Presses Universitaires de France, 1994, p. 38). Cette définition est absente de la version de Campanus. Mais on retrouve ce critère dans la démonstration de la proposition 1 du livre X. Et il est utilisé par Campanus dans le commentaire à cette même proposition pour montrer qu'il ne peut pas exister de rapport entre un angle rectiligne et l'angle de contingence (angle que fait un cercle avec la tangente en un de ses points).

52. Thomas Bradwardine utilise ce critère qui fait appel à la composition des rapports, quand il démontre qu'aucun rapport n'est plus grand ou plus petit qu'un rapport d'égalité (voir la septième conclusion dans la troisième partie du premier chapitre p. 19). Nicole Oresme, quant à lui, explique seulement que le rapport de plus petite inégalité ne peut pas être augmenté jusqu'à devenir plus grand que le rapport d'égalité, donc *a fortiori*, qu'un rapport de plus grande inégalité, et que le rapport de plus grande inégalité ne peut pas être diminué jusqu'à devenir plus petit que le rapport d'égalité (voir, le premier chapitre, p. 83).

la dénomination du rapport double, qui est 2, est plus grande que la dénomination du rapport d'égalité, qui est 1 ? Il faut comprendre que la comparaison des rapports ne se fait pas selon leurs dénominations ou, si l'on veut, selon la valeur numérique de ces rapports, mais qu'un rapport T est dit plus grand qu'un rapport S, si le rapport entre T et S est un rapport de plus grande inégalité. Or nous avons vu qu'on ne pouvait pas définir un tel rapport quand T et S sont de genres différents. En conséquence, « aucun rapport n'est plus grand ou plus petit qu'un rapport d'égalité »[53].

Bradwardine soulève quatre objections contre cette conclusion[54]. Dans la première, il considère deux quantités égales A et B, une quantité C plus grande que A et B et une quantité D plus petite que A et B. En appliquant la proposition 8 du livre V des *Éléments* d'Euclide (qui correspond à sa supposition 5), selon laquelle, si deux quantités inégales sont comparées à une même quantité, la plus grande aura un plus grand rapport, il obtient que le rapport de C à B est plus grand que le rapport de A à B, et que le rapport de D à B est plus petit que le rapport de A à B[55]. Donc, un rapport de plus grande inégalité est plus grand qu'un rapport d'égalité et un rapport de plus petite inégalité est plus petit que le rapport d'égalité. On remarque que, dans ce cas, les relations « être plus grand » et « être plus petit » ne sont pas celles qui sont sous-entendues dans la conclusion critiquée ici par Thomas Bradwardine. Mais ce n'est pas ainsi que ce dernier rejette l'objection. Il répond en restreignant la portée de la proposition d'Euclide et en prétendant qu'elle ne s'applique qu'à des quantités inégales.

Dans la deuxième objection, il considère deux quantités égales A et C, et une quantité B qui est la moitié de A ou de C. Le rapport de A à C est composé du rapport de A à B et du rapport de B à C. Ainsi, un rapport d'égalité est composé du

53. Voir le texte de Bradwardine, p. 19.

54. Voir p. 22.

55. On a $A = B$, $C > A$ et $D < A$. Alors $(C : B) > (A : B)$ et $(D : B) < (A : B)$.

rapport double et du rapport sous-double. Il en conclut que le rapport double et le rapport sous-double sont plus petits que le rapport d'égalité. La troisième objection et la quatrième sont aussi fondées sur la composition de rapports obtenus à partir de quantités égales. Bradwardine répond à ces objections en expliquant que la composition des rapports ne s'applique qu'à des quantités inégales, plus précisément à des quantités A, B, C telles que A > B > C.

Ainsi, pour fonder sa théorie, Thomas Bradwardine est conduit à restreindre le champ d'application de la composition des rapports aux rapports entre quantités inégales.

5. Les rapports de plus petite inégalité

Nicole Oresme étudie principalement les rapports de plus grande inégalité. Toutefois, il évoque rapidement les rapports de plus petite inégalité et c'est à leur propos, nous l'avons rappelé, que les historiens s'opposent quant à l'interprétation qu'il faut donner à sa théorie. Le problème repose sur la relation tout/partie. Si l'on insère, par exemple, le nombre 2 entre les termes 1 et 4 du rapport sous-quadruple, on aura: (1 : 4) = (1 : 2)•(2 : 4). En conséquence, si l'on applique la définition de la partie évoquée précédemment, on devrait dire que le rapport sous-double est la moitié du rapport sous-quadruple. Or le rapport sous-double est plus grand que le rapport sous-quadruple, et ainsi, une partie serait plus grande que le tout. Oresme ne peut remettre ainsi en cause un axiome admis par tous. Il se doit de considérer naturellement que le rapport sous-quadruple est une partie du rapport sous-double, puisqu'il lui est plus petit. Il explique alors que, si l'on insère un médian entre les termes d'un rapport de plus petite inégalité, ce rapport n'est pas à proprement parler composé des deux rapports intermédiaires. Parler ainsi serait, selon lui, un abus de langage[56]. Par ailleurs, il inverse la relation et demande de considérer que le rapport sous-quadruple est la « moitié » du

56. Voir p. 85-86.

rapport sous-double[57]. Et nous avons vu plus haut comment il définit les opérations sur les rapports de plus petite inégalité, afin de préserver l'accroissement du rapport par addition d'un autre rapport et sa diminution par retranchement.

Tout ceci peut sembler un tour de passe-passe et est incompréhensible si on interprète les propos d'Oresme en termes modernes. Mais il faut comprendre que ce dernier propose pour les rapports de plus petite inégalité une théorie des rapports de rapports fondée sur des principes différents de ceux qui sont à l'œuvre dans sa théorie des rapports de rapports de plus grande inégalité[58]. C'est légitime, puisque nous avons vu qu'il a démontré que, pour ce qui est des rapports de rapports, les rapports de plus grande inégalité et les rapports de plus petite inégalité forment des classes disjointes. Oresme se contente de quelques indications à propos des rapports de plus petite inégalité, mais Paul Rusnock montre que sa théorie est cohérente et permet des calculs[59].

6. Commensurabilité et incommensurabilité des rapports entre eux

Mais revenons aux rapports de plus grande inégalité. Nous avons vu que l'insertion de médians permet de les considérer comme des quantités continues. En conséquence, on peut leur appliquer les définitions du livre X des *Éléments* d'Euclide. Ainsi, Nicole Oresme parle de « rapports commensurables entre eux » et de « rapports incommensurables entre eux » : des rapports sont commensurables entre eux s'ils ont une partie commune; ils sont incommensurables dans le cas contraire. Par exemple, le rapport double et le rapport triple sont incommensurables car aucun rapport de plus grande inégalité n'est une partie de l'un et de l'autre[60].

57. Voir p. 86.

58. Ces principes ne peuvent pas être traduits en termes modernes à l'aide des exponentiels.

59. Voir Rusnock, « Oresme on ratios of lesser inequality », art. cit., p. 268-271.

60. Voir p. 115.

Dans le chapitre II de son traité, Nicole Oresme démontre un certain nombre de résultats qui permettent de savoir si deux rapports donnés sont commensurables ou incommensurables entre eux et, dans le premier cas, de déterminer leur rapport. La neuvième conclusion résume l'ensemble de ces résultats et montre comment la commensurabilité se déduit de la possibilité d'insérer des termes médians entiers proportionnels entre les termes des rapports considérés (nous avons vu que déterminer la partie d'un rapport s'obtient par l'insertion de médians). Prenons deux rapports A et B, avec A plus grand que B :

1/ Si, entre les plus petits termes du rapport A, on ne peut pas insérer un médian entier proportionnel, ou des médians entiers, A et B sont incommensurables ; exemple : le rapport triple et le rapport double.

2/ Si, entre les plus petits termes de A, on peut insérer un entier ou des entiers proportionnels selon le plus petit rapport B, alors A est commensurable à B et il est même un multiple de B[61] ; exemple : le rapport quadruple et le rapport double.

3/ Si, entre les plus petits termes de A et de B, on peut insérer un entier ou des entiers proportionnels selon un même rapport C, alors A et B sont commensurables[62] ; exemple : le rapport octuple et le rapport quadruple, puisque, entre leurs termes, il y a des médians selon le rapport double.

4/ Si, entre les plus petits termes de A, on peut insérer un entier ou des entiers proportionnels, mais que l'on n'est pas dans l'un des deux cas précédents, alors ces rapports sont incommensurables ; exemple : le rapport nonuple et le rapport quadruple.

Dans la dixième conclusion, il s'agit de déterminer le rapport entre des rapports commensurables :

61. $A = (a_1 : a_2)\bullet(a_2 : a_3)\bullet\ldots\bullet(a_{p-1} : a_p)$ et $B = (a_{i-1} : a_i)$, pour tout i.

62. $A = (a_1 : a_2)\bullet(a_2 : a_3)\bullet\ldots\bullet(a_{p-1} : a_p)$ et $B = (b_1 : b_2)\bullet(b_2 : b_3)\bullet\ldots\bullet(b_{q-1} : b_q)$, avec $C = (a_{i-1} : a_i)$, pour tout i, et $C = (b_{j-1} : b_j)$, pour tout j.

1/ Si, entre les plus petits termes du rapport A, il y a n médians selon le plus petit rapport B, A contient B n+1 fois ; autrement dit, le rapport entre A et B est le rapport multiple de n+1 à 1.

2/ Si, entre les plus petits termes de A, il y a n médians selon un rapport C et, entre les termes de B, il y a m médians selon le même rapport C, le rapport entre A et B est le rapport entre m+1 et n+1.

Dans les autres cas, les rapports sont incommensurables et, par conséquent, ils n'ont pas de rapports rationnels entre eux.

7. Dénomination des rapports

Nous avons vu que Thomas Bradwardine introduisait la notion de dénomination d'un rapport pour distinguer les rapports rationnels des rapports irrationnels. On trouve cette notion dans deux petits traités sur les rapports attribués sans doute à tort à Jordanus et Campanus[63], mais aussi dans l'*Arithmétique* de Jordanus, et elle a été introduite par Campanus dans les définitions du livre VII de son édition des *Éléments* d'Euclide[64]. Elle est liée à la nomenclature des rapports de Nicomaque, que nous avons évoquée précédemment. Rappelons que les rapports se divisent selon la manière dont la quantité antécédente a se comporte vis-à-vis de la quantité conséquente b dans la division euclidienne de a par b: $a = nb+(p/q)b$. Et selon les valeurs de n, p ou q, chacun de ces rapports reçoit un nom. Ainsi, si $n=2$, $p=1$ et $q=3$, le rapport de a à b est appelé double sesquitièrce ; quand $n = 3$, $p = 4$ et $q = 7$, on a le rapport triple superquadripartient des septièmes, etc. Par ailleurs, les médiévaux associent à chacun de ces rapports le nombre $n+p/q$, qu'ils appellent sa dénomination. Ainsi, Thomas Bradwardine et, à sa suite, Nicole Oresme disent que les rapports numériques ou les rapports rationnels entre des quantités commensu-

63. Voir Hubert L. L. Busard, « Die Traktate *De proportionibus*… », art. cit.

64. Pour une analyse de la notion de dénomination, voir Sabine Rommevaux, *Théories des rapports (XIIIe-XVIe siècles)*… , *op. cit.*, chapitre IV.

rables sont « immédiatement dénommés par un nombre ». En effet, la dénomination, mise sous la forme précédente, permet de nommer le rapport. Par exemple, le nom d'un rapport multiple superpartient dont la dénomination est $n+1/k$ est de la forme *n*-uple sesqui-*k*-ième.

Les choses sont plus complexes pour tout rapport irrationnel entre des quantités incommensurables. Thomas Bradwardine dit qu'il n'est pas immédiatement dénommé par quelque nombre, « mais seulement médiatement, puisque immédiatement dénommé par quelque rapport, qui est immédiatement dénommé par un nombre ». Nicole Oresme est plus explicite que le maître anglais quand il explique qu'un rapport irrationnel est « dénommé médiatement par quelque nombre, quand il est une partie aliquote[65] ou des parties de quelque rapport rationnel, ou quand il est commensurable à quelque rapport rationnel ». En effet, si un rapport irrationnel I est les *m n*-ièmes parties d'un rapport rationnel R, alors I sera dit « les *m n*-ièmes parties de R », comme le rapport de la diagonale et du côté d'un carré est appelé « moitié du rapport double ». Ainsi, I est dénommé par le rapport R, qui lui-même est dénommé par un nombre. I peut aussi être plus grand que R et dans ce cas c'est R qui est des parties de I et le rapport de I à R sera superpartient, superparticulier, multiple superpartient ou multiple superparticulier.

Thomas Bradwardine semble croire que tous les rapports irrationnels peuvent ainsi être dénommés médiatement par un rapport rationnel. C'est en tout cas en ce sens que l'on peut interpréter la dichotomie qu'il fait entre d'une part les rapports rationnels qui sont immédiatement dénommés par un nombre et d'autre part les rapports irrationnels qui ne le sont que médiatement[66]. Nicole Oresme, quant à lui, a l'intuition que tous les rapports irrationnels ne sont pas de cette sorte : « il ne semble pas vrai que tout rapport irrationnel soit commensurable à un rapport rationnel ». Il ne peut fournir

65. Un rapport irrationnel I est une partie aliquote d'un rapport rationnel R quand $I^n = R$.

66. Voir p. 5.

de démonstration rigoureuse de cette assertion – l'existence de nombres transcendantaux, par exemple π, ne sera démontrée qu'au XIXe siècle. Toutefois, Oresme tente d'apporter des arguments en faveur de sa thèse. Il explique ainsi qu'un rapport pouvant être considéré comme une quantité continue, on peut le diviser en deux parties dont n'importe laquelle est incommensurable au tout, selon la doctrine du livre X des *Éléments* d'Euclide[67]. Il prend l'exemple du rapport double qui peut ainsi être divisé en deux parties qui lui sont incommensurables. Ces parties sont alors incommensurables à tout rapport commensurable au rapport double (il montrera plus loin, au chapitre III, que seuls les multiples du rapport double lui sont commensurables). Il continue en expliquant qu'il peut aussi construire une partie qui est incommensurable au rapport double et au rapport triple (il ne précise pas comment), et par conséquent cette partie sera incommensurable à tout rapport commensurable à l'un ou l'autre de ces deux rapports. Mais il ne peut généraliser et avoue son impuissance à donner une démonstration complète de son intuition[68].

– II –

La règle du mouvement

Ces prémisses mathématiques étant posées, nous pouvons en venir à l'étude des rapidités des mouvements. Cette étude s'effectue, comme nous l'avons rappelé plus haut, dans le cadre aristotélicien de la philosophie naturelle. C'est à Aristote, ou plutôt à son commentateur Averroès, que Thomas Bradwardine fait référence lorsqu'il énonce sa règle. Il espère en effet que sa formulation permet de résoudre les difficultés auxquelles n'ont pu répondre les différentes interprétations

67. Voir p. 91.
68. Voir p. 92.

qui ont été faites des dires d'Aristote et des commentaires d'Averroès selon lesquels il existe une relation entre la rapidité et le rapport entre la puissance du moteur et la résistance du mobile. C'est donc par l'exposé et la réfutation de quatre opinions adverses que Bradwardine débute son étude du mouvement, avant de proposer une cinquième interprétation des énoncés aristotéliciens qu'il retient.

1. Réfutation des opinions adverses

La première opinion que Bradwardine rapporte est celle qu'Averroès attribue à Avempace, à savoir que la rapidité découlerait de l'excès de la puissance du moteur sur la résistance de la chose mue. Cette opinion interprète donc le rapport entre la puissance P et la résistance R, dont parlent Aristote et Averroès, comme un rapport arithmétique, c'est-à-dire comme la différence ou l'excès P-R. Bradwardine refuse cette interprétation et avance plusieurs arguments en ce sens[69]. Il considère tout d'abord un moteur M et un mobile m, puis la moitié de ce moteur M/2 et la moitié de ce mobile m/2. L'excès de la moitié du moteur sur la moitié du mobile est égal à la moitié de l'excès du moteur sur le mobile (M/2-m/2 = (M-m)/2). Donc la rapidité engendrée par l'action de la moitié du moteur sur la moitié du mobile est la moitié de la rapidité engendrée par la totalité du moteur sur la totalité du mobile. Mais ceci contredit Aristote qui affirme que ces deux rapidités doivent être égales.

Bradwardine considère ensuite deux moteurs M_1 et M_2 qui meuvent avec la même rapidité deux mobiles m_1 et m_2, puis le moteur composé de ces deux moteurs M_1+M_2 agissant sur le composé des deux mobiles m_1+m_2. Selon Aristote, les moteurs composés meuvent à la même rapidité les mobiles composés que les deux moteurs séparément sur les deux mobiles séparés. Mais l'excès des moteurs composés sur les mobiles composés, $M_1+M_2-(m_1+m_2)$, est égal à la somme des excès M_1-m_1 et

69. Voir la première partie du chapitre II, p. 25 à 32.

M_2-m_2, qui sont égaux, puisque les rapidités sont égales. Donc la rapidité engendrée par le moteur composé est le double de la rapidité engendrée par chacun des moteurs, si l'on suit cette première opinion.

Dans un troisième temps, Bradwardine considère deux moteurs M_1 et M_2 et deux mobiles m_1 et m_2 tels que $(M_1 : m_1) = (M_2 : m_2)$. Les excès n'étant pas égaux, les rapidités ne sont pas égales, ce qui contredit là encore Aristote.

On voit que l'autorité d'Aristote sert ici à réfuter cette première opinion, qui s'appuie elle-même sur le texte du philosophe grec. Pour ce faire, Bradwardine doit préciser que, lorsque Aristote parle de proportionnalité, il ne s'agit pas de la proportionnalité arithmétique comme le prétendent les tenants de cette première thèse[70].

Ces arguments ne suffisent pas à Bradwardine qui en ajoute trois autres fondés sur la possibilité de raréfier ou de densifier un milieu de telle manière qu'un corps puisse aller à la rapidité que l'on veut dans ce milieu (voir plus loin comment il démontre cette proposition). Par exemple, dans le premier de ces arguments, il montre que si l'on applique la première opinion, on peut prouver qu'un corps lourd peut se mouvoir plus rapidement dans un certain milieu plein que dans le vide[71]. Il considère pour cela un corps mixte A de puissance P_A et de résistance R_A, et un morceau de terre pure C, de puissance P_C plus petite que l'excès de la puissance de A sur la résistance de A: $P_C < P_A$-R_A. Ici, il faut comprendre que la puissance de A est ce qui le fait se déplacer dans le mouvement de chute; il s'agit donc de sa lourdeur. Quant à la résistance, c'est ce qui le freine, à savoir sa légèreté. Tout corps mixte est, en effet, selon la doctrine aristotélicienne, composé de lourdeur et de légèreté. Appelons alors V la rapidité de A lorsqu'il chute dans le vide. Bradwardine explique que l'on peut raréfier le milieu plein dans lequel on fait choir C de telle sorte que la rapidité de C dans ce milieu soit égale à V. Puisque P_A-$R_A > P_C$ (la résistance de C est nulle, puis-

70. Voir p. 32.
71. Voir p. 29.

que C est composé uniquement d'un élément lourd et ne contient pas d'élément léger qui serait source de résistance au mouvement de chute), alors, selon la première opinion, la rapidité de A dans le milieu plein (qui est égale à P_A-R_A) est plus grande que la rapidité V de C (égale à P_C). Mais cette dernière rapidité est égale à la rapidité de A dans le vide, par hypothèse. Donc A se meut plus rapidement dans ce milieu plein que dans le vide.

Bradwardine rejette ensuite d'un revers de main la deuxième opinion selon laquelle la rapidité serait égale au rapport entre l'excès de la puissance sur la résistance et la résistance (V = (P-R) : R)[72]. Pour lui, il est inconcevable que la rapidité ne dépende que de l'excès de la puissance sur la résistance et pas de toute la puissance. Mais il ajoute tout de même un autre argument. Il considère un moteur et un mobile tels que l'excès de la puissance du moteur sur la résistance du mobile soit égal à la résistance du mobile (P-R = R). Alors, la rapidité provient d'un rapport d'égalité. Or Bradwardine a prouvé que le rapport d'égalité n'est pas comparable aux autres rapports. Donc ce mouvement n'est comparable à aucun autre mouvement, c'est-à-dire que l'on ne peut pas trouver de mouvement qui soit plus rapide ou plus lent que celui-ci, ce qui contredit un axiome reconnu usuellement en philosophie naturelle.

La troisième opinion pose que le rapport entre les rapidités suit du rapport entre les patients[73] ou les mobiles, si les agents ou les moteurs sont identiques (il faut entendre que le rapport entre les rapidités est égal au rapport inverse des résistances) et que le rapport entre les rapidités suit du rapport entre les

72. Voir la deuxième partie du chapitre II, p. 32.

73. Par « patient » on entend ce qui subit le mouvement et par « agent », ce qui provoque le mouvement. Et « mouvement » est ici entendu au sens aristotélicien du terme, à savoir qu'il s'agit soit du mouvement local ou du déplacement, soit du changement de qualité, soit de l'accroissement ou de la diminution de la quantité.

agents, si les patients sont identiques[74]. Bradwardine réfute cette opinion en lui reprochant d'abord son insuffisance : elle ne permet pas de traiter du cas général (agents différents et patients différents), comme devrait le faire une règle du mouvement. Puis Bradwardine évoque un argument qui est souvent utilisé contre la règle d'Aristote et que nous avons rapporté plus haut : selon cette opinion, un moteur peut mouvoir un mobile d'une résistance aussi grande que l'on veut ; n'importe quel mobile peut être mû par n'importe quel moteur ayant une puissance aussi petite que l'on veut.

La quatrième opinion refuse l'idée qu'il puisse y avoir un rapport ou même un excès entre la puissance motrice et la résistance[75]. En effet, pour les tenants de cette opinion, la puissance et la résistance ne sont pas des quantités, et même si elles l'étaient, elles ne seraient pas de même genre, donc il ne saurait y avoir entre elles de rapport, ni même d'excès. Cette opinion s'appuie sur un commentaire d'Averroès selon lequel la puissance n'est pas une quantité, finie ou infinie, car ce n'est pas un corps ; la puissance est alors considérée comme une forme étendue dans un corps, ou séparée du corps.

Ne pouvant provenir du rapport ou de l'excès de la puissance motrice sur la résistance, la rapidité découle simplement, selon cette quatrième opinion, de la « domination » de la puissance sur la résistance, c'est-à-dire de la « relation naturelle du moteur au mobile », ou si l'on veut, de la propriété qui permet au moteur d'agir sur le mobile. Bradwardine s'insurge contre cette thèse, refusant d'admettre que la puissance motrice et la résistance ne seraient pas des quantités. Il se réfère à l'autorité d'Aristote et d'Averroès en exhibant une démonstration dans laquelle Averroès manipule les rapports entre puissance et résistance.

Le traité de Nicole Oresme commence lui aussi par l'énoncé de trois opinions concernant la rapidité des mouvements.

74. Voir la troisième partie du chapitre II, p. 33.
75. Voir la quatrième partie du chapitre II, p. 41.

La première correspond à la première opinion réfutée par Thomas Bradwardine, qui s'exprime à l'aide de l'excès de la puissance sur la résistance. La deuxième correspond à la troisième opinion réfutée par Bradwardine, qui dissocie le cas où les moteurs sont égaux de celui où les mobiles sont égaux. La troisième opinion est la règle du mouvement énoncée par Bradwardine. Oresme affirme qu'il tient pour vraie cette dernière opinion, sans chercher à réfuter les deux autres.

2. L'énoncé de la règle du mouvement

Thomas Bradwardine expose sa règle du mouvement une première fois, au tout début du troisième chapitre, en disant : « le rapport entre les rapidités dans les mouvements suit du rapport de la puissance du moteur à la puissance de la chose mue ». La formulation est à ce stade encore imprécise, mais permet à Bradwardine de se référer à l'autorité d'Averroès pour appuyer son énoncé. Au commentaire 71 du livre IV de la *Physique*, le philosophe explique en effet que de l'égalité des rapports entre les moteurs et les choses mues découle l'égalité des rapidités et que de leur diversité découle l'inégalité des rapidités[76]. Par ailleurs, dans le commentaire 36 au second livre du traité *Du ciel*, il explique que le mouvement est d'autant plus rapide ou plus lent que le rapport de la puissance à la résistance est plus grand ou plus petit. Et Bradwardine cite d'autres passages de la *Physique* qui vont dans le même sens. Ainsi, il en conclut que l'égalité des rapports entre puissances et résistances est la cause de l'égalité des rapidités et, par conséquent, la variation de ce rapport induit la variation des rapidités[77]. Cette variation peut s'interpréter diversement. Chacune des opinions qu'il a exposées auparavant exprime cette dépendance entre la rapidité et le rapport de la puissance à la résistance ; mais Bradwardine a réfuté ces opinions. Selon lui, la seule interprétation valable est la suivante :

76. Voir p. 47.
77. Voir p. 48.

> […] les rapports des puissances motrices aux puissances résistives et les rapidités dans les mouvements sont proportionnels dans le même ordre, et de même inversement. Et on doit comprendre ici qu'il s'agit d'une proportionnalité géométrique[78].

La formulation que Nicole Oresme donne de la même règle au début du chapitre IV est différente, mais équivalente. On y retrouve la référence à l'énoncé d'Aristote, mais la proportionnalité est explicitée en termes de rapports de rapports :

> La rapidité suit du rapport de la puissance motrice au mobile ou à sa résistance. D'où le rapport d'une rapidité à une autre est comme le rapport du rapport de la puissance de l'un des moteurs à son mobile au rapport de la puissance de l'autre moteur à son mobile[79].

Par conséquent, lorsque le rapport de la puissance à la résistance est doublé, au sens qu'ont donné Bradwardine et Oresme à ce terme, c'est-à-dire que le rapport est composé par lui-même, alors la rapidité est multipliée par deux. Par exemple, si une puissance de 4 meut un mobile de résistance 1 avec une rapidité égale à 3, une puissance de 16 meut le même mobile avec la rapidité 6.

Toute la deuxième partie du troisième chapitre du traité de Thomas Bradwardine est consacrée aux objections que l'on pourrait faire à cette règle. Ainsi, Bradwardine explique que trois inconvénients peuvent en découler : de l'égalité des rapports de la puissance des moteurs à la résistance des mobiles peut parfois découler l'inégalité des rapidités ; d'un rapport de la puissance à la résistance plus petit peut découler une rapidité égale ; d'un rapport de la puissance à la résistance plus petit peut découler une rapidité plus grande.

Pour illustrer ces inconvénients, Bradwardine considère deux morceaux de terre pure de quantités A et B traversant deux morceaux d'air de quantités C et D. Il suppose que A est plus grande que B, que C est plus grande que D et que A, C, B, D sont proportionnelles. Puisque les puissances sont proportionnelles aux quantités de terre et les résistances aux quantités

78. Conclusion 1 du chapitre III, p. 48-49.
79. Première supposition du chapitre IV, p. 149.

d'air, alors la puissance du morceau de terre de quantité A est plus grande que la puissance du morceau B et la résistance de la quantité d'air C est plus grande que celle de D. De plus, le rapport de la puissance de A à la résistance de C est égal au rapport de la puissance de B à la résistance de D, puisque A, B, C et D sont proportionnelles. Il est supposé par ailleurs que les chutes s'effectuent dans le même temps. La rapidité de A est la distance parcourue par A; elle est donc mesurée par la quantité C. De même, la rapidité de B est mesurée par la quantité D. Puisque C est plus grande que D, la rapidité de A est plus grande que la rapidité de B. Mais le rapport de la puissance de A à la résistance de C est égal au rapport de la puissance de B à la résistance de D, par hypothèse. Ainsi, la règle du mouvement soutenue par Bradwardine est mise en défaut.

Par ailleurs, on peut diminuer C (c'est-à-dire condenser le morceau d'air) jusqu'à ce que C soit égal à D. Dans ce cas, la rapidité de A est égale à la rapidité de B, alors que le rapport de la puissance de A à la résistance de C est maintenant plus petit que le rapport de la puissance de B à la résistance de D. En effet, l'air étant plus dense, la résistance de C est plus grande, donc le rapport de la puissance de A à la résistance de C est plus petit. On peut aussi augmenter un petit peu C, de sorte que la rapidité de A soit plus grande que celle de B, mais que le rapport soit toujours plus petit.

Cet exemple illustre les trois inconvénients rapportés plus haut.

Bradwardine répond à ces objections en pointant du doigt que dans les arguments précédents la résistance de l'air est, selon les cas, mesurée par la quantité de l'air parcourue ou par la densité de l'air, ce qui n'est pas la même chose. Ainsi, reprenant le premier cas où la rapidité de A est plus grande que la rapidité de B, il appelle E la quantité d'air parcourue par A dans le temps selon lequel B parcourt D (alors E est plus petite que C). La rapidité de A dans E est alors égale à la rapidité de B dans D et, par conséquent, si l'on applique la règle du mouvement, le rapport de A à E est égal au rapport de B à D. Or le rapport de A à C est égal au rapport de B à D, par hypothèse. Donc le rapport de A à E est égal au rapport de A à C. On peut y voir une contradiction, si on interprète ces rapports comme étant les rapports entre les quantités A, E et C. La quantité E est plus petite que la quantité C, donc le rapport de A à E ne peut pas être égal au rapport de A à C. Mais Bradwardine explique que ce n'est pas ainsi qu'il faut interpréter ces rapports. En effet, ce qui est en jeu dans la règle du mouvement, c'est la puissance du moteur et la résistance du mobile, qui est ici égale à la résistance engendrée par le milieu. Or la résistance engendrée par le morceau d'air E est la même que la résistance engendrée par le morceau d'air C, puisqu'ils ont la même densité. Donc le rapport entre la puissance motrice de A (qui équivaut à la quantité de terre A, puisque c'est la lourdeur de la terre qui provoque le mouvement) et la résistance de E est bien le même que le rapport entre la puissance motrice de A et la résistance de C[80]. Ainsi, ce n'est pas la quantité d'air qui doit entrer en jeu ici pour déterminer la résistance à prendre en compte, mais la qualité de l'air, c'est-à-dire sa densité. Bradwardine est alors conduit à distinguer différents types de résistances, quantitatives ou qualitatives[81].

Dans un deuxième temps, Thomas Bradwardine considère le cas d'un aimant[82]. Si l'on applique la règle du mouvement, un aimant attirerait plus rapidement un petit morceau de fer qu'un plus grand, puisque le rapport entre leurs tailles serait plus grand. Or Bradwardine soutient que l'aimant les attire à la même rapidité. Il explique alors que ce n'est pas le rapport entre la taille de l'aimant et la taille du morceau de fer qui doit ici être considéré pour le calcul de la rapidité, mais seulement la disposition causée par l'aimant dans le morceau de fer qui fait qu'il est attiré par l'aimant. Et cette disposition est plus ou moins forte selon la distance entre l'aimant et le morceau fer, et non pas selon le rapport entre la taille de l'aimant et celle du morceau de fer. Comme dans l'argument précédent sur le mouvement de morceaux de terre dans l'air, le cas de

80. Voir p. 55-56.

81. Voir p. 56.

82. Pour une analyse de ces réfutations mettant en jeu un aimant, voir Sabine Rommevaux, « Magnetism and the theory of movement in fourteenth and fifteenth century treatises », à paraître.

l'aimant permet à Bradwardine de préciser ce qui doit être pris en compte pour la détermination de la résistance.

Enfin, Bradwardine revient sur l'argument opposé traditionnellement à la règle d'Aristote, à savoir qu'un moteur quelconque peut mouvoir un mobile d'une résistance aussi grande que l'on veut, donc éventuellement plus grande que la puissance du moteur; ou encore, qu'un mobile quelconque peut être mû par un moteur d'une puissance aussi petite que l'on veut, donc plus petite que la résistance du mobile. Le raisonnement était le suivant: un moteur M meut un mobile m à la rapidité V, donc le même moteur meut un mobile de résistance double à la rapidité V/2, et ainsi de suite. À partir d'un certain moment, la résistance du mobile devient plus grande que la puissance du moteur. Et on a le même type de raisonnement dans l'autre cas. Bradwardine explique que cet argument ne vaut pas contre sa propre règle[83]. En effet, dans le cadre de sa théorie, pour diviser la rapidité initiale par deux, il faut que le rapport entre la puissance et la résistance soit la racine carrée du rapport initial: si un moteur de puissance 1 meut un mobile de résistance R plus petite que 1 à la rapidité V, alors le même moteur meut à la rapidité V/2 un mobile de résistance $\sqrt{R}$. Et le même moteur meut à la rapidité V/4 un mobile de résistance $\sqrt[4]{R}$, etc. Ainsi, le même moteur meut bien des moteurs de résistances de plus en plus grandes, mais qui restent toujours inférieures à la puissance du moteur.

3. Remise en cause d'un énoncé d'Aristote

En liaison avec l'argument précédent, Thomas Bradwardine et, à sa suite, Nicole Oresme vont s'interroger sur les conditions que doivent remplir la puissance du moteur ou la résistance du mobile pour que la rapidité soit doublée. Aristote avait remarqué que si un moteur meut un mobile selon un certain espace et dans un certain temps, un moteur de puissance moitié moindre mouvra un mobile de résistance moitié moindre selon un espace

83. Voir p. 58-59.

égal et dans un temps égal[84]. Ou encore, selon un commentaire d'Averroès, si un moteur meut un mobile avec une certaine rapidité, alors une puissance multipliée par deux meut le même mobile deux fois plus rapidement, et la même puissance meut un mobile de résistance divisée par deux, deux fois plus rapidement[85]. Nicole Oresme montre que, si l'on applique la règle du mouvement, ces énoncés sont faux, sauf dans le cas particulier où la puissance vaut deux fois la résistance du mobile[86]. Pour le démontrer, il considère un moteur de puissance B qui meut un mobile de résistance C avec une certaine rapidité. Soit alors A une puissance double de B ($A = 2B$).

Supposons que B soit le double de C ($B = 2C$). On a $(A : C) = (A : B)\bullet(B : C)$ et les rapports de A à B et de B à C sont égaux entre eux, puisque tous les deux sont égaux au rapport double. Donc $(A : C) = (B : C)^2$, c'est-à-dire que le rapport de la puissance A à la résistance C est le double du rapport de la puissance B à la résistance C. Si l'on applique la règle du mouvement selon laquelle les rapidités sont proportionnelles aux rapports des puissances aux résistances, on en déduit que la rapidité provenant du rapport de A à C est le double de la rapidité provenant du rapport de B à C.

Supposons maintenant que B soit plus grande que le double de C, c'est-à-dire que le rapport de B à C soit plus grand que le rapport double. Dans ce cas, le rapport de A à B, qui est double, est plus petit que le rapport de B à C, donc $(A : C)<(B : C)^2$, c'est-à-dire que le rapport de la puissance A à la résistance C est plus petit que le double du rapport de la puissance B à la résistance C. Si l'on applique la règle du mouvement, la rapidité provenant du rapport de A à C est plus petite que le double de la rapidité provenant du rapport de B à C. La règle d'Aristote est mise en défaut.

84. Aristote, *Physique*, VII, v, 250a 4-6.

85. Averroès, commentaire 39 de *Physique* VII; voir par exemple *Aristotelis opera cum Averrois commentariis, Quartum Volumen, Aristotelis de physico auditu libro octo, cum Averrois cordubensis variis in eosdem commentariis*, Venitiis, apud Junctas, 1562, f° 337v (I).

86. Voir la première conclusion du chapitre IV, p. 152.

On démontre de la même manière la fausseté du deuxième énoncé.

Oresme a bien conscience de remettre ici en cause un énoncé du philosophe grec. Il suggère alors que le texte de la *Physique* aurait pu être corrompu par les traducteurs, ou bien qu'Aristote aurait omis de mentionner dans ces énoncés la restriction sur la puissance et la résistance, à savoir que la puissance doit être le double de la résistance[87].

On trouve aussi l'ensemble de ces résultats dans le traité de Thomas Bradwardine, dans les conclusions 2 à 7 du chapitre III[88]. Mais alors qu'Oresme commençait l'énoncé de ces résultats par « les règles suivantes sont fausses », reprenant textuellement les énoncés d'Aristote, Bradwardine ne fait aucunement référence au Stagirite à cet endroit.

Les règles d'Aristote apparaissent aussi, dans le traité de Bradwardine, dans sa réfutation de la troisième opinion selon laquelle le rapport des rapidités est égal au rapport des puissances, si les résistances sont égales; et il est égal au rapport inverse des résistances, si les puissances sont égales. De cette règle, on tire immédiatement les énoncés d'Aristote, à savoir qu'une puissance double meut deux fois plus rapidement un même mobile et qu'une même puissance meut un mobile deux fois moindre avec une rapidité double. Parmi les objections faites par Bradwardine à cette troisième opinion figure l'argument suivant: l'expérience nous enseigne que si un homme meut un certain poids avec un mouvement très lent, deux hommes le meuvent plus que deux fois plus vite, donc une puissance double ne double pas la rapidité[89]. Il ajoute un autre exemple: si, comme dans une horloge, un poids suspendu à un axe de révolution se meut lentement vers le bas, l'ajout d'un poids égal fait tourner l'axe à une rapidité plus que double[90]. Notons que

87. Voir p. 155-156. On retrouve cette même position chez Albert de Saxe ou encore Marsile d'Inghen (voir Anneliese Maier, *Die Vorlaüfer Galileis im 14 Jahrhundert*, Rome, Ed. di storia e letteratura, 1949, p. 102-104).

88. Voir p. 49-50.

89. Voir p. 31.

90. Voir p. 37.

ces exemples sont en accord avec la règle du mouvement de Bradwardine. En effet, supposons que la résistance soit égale à 1 et que la puissance soit comprise entre 1 et 2; le mouvement se fait lentement. La résistance restant la même, le doublement de la puissance, au sens usuel du terme, engendre une rapidité plus que doublée. En effet, le double de la puissance est plus grand, dans ce cas, que le carré de la puissance. Or c'est le carré de la puissance qui, selon la règle du mouvement, engendre une rapidité double.

4. La mesure de la rapidité en fonction de l'espace parcouru

La règle du mouvement explicite quel est le lien qui existe entre la rapidité, la puissance du moteur et la résistance du mobile. Mais la question de la rapidité peut être posée non seulement du point de la cause (la puissance du moteur), mais aussi du point de vue de l'effet (la distance parcourue)[91]. Ainsi, dans la deuxième partie du quatrième chapitre, Thomas Bradwardine cherche à déterminer comment mesurer la rapidité en fonction de l'espace parcouru par le mobile. Il fait cette étude à propos du mouvement circulaire[92].

Il lui faut pour cela s'appuyer sur un certain nombre de conclusions concernant la mesure du cercle et de la sphère, qu'il tire des *Éléments* d'Euclide ou du traité *Sur les surfaces courbes* que Bradwardine attribue faussement à Archimède et qui est vraisemblablement l'œuvre de Jean de Tinemue

91. Ces deux aspects du calcul de la rapidité ont parfois été assimilés, à la suite de M. Clagett, aux approches cinématique et dynamique de l'étude du mouvement (voir M. Clagett, *Science of Mechanics in the Middle Ages*, Madison (Milwaukee) – London, The University of Wisconsin Press, 1959). Mais il faut remarquer que la dynamique présuppose une notion de force qui est absente du traité de Bradwardine et plus généralement de tous les textes qui concernent le mouvement au Moyen Âge et à la Renaissance. Par ailleurs, si dans ce traité, Bradwardine n'envisage la mesure de la rapidité que dans le cas du mouvement local, la plupart des auteurs qui s'interrogent sur la rapidité du point de vue de l'effet s'intéressent au déplacement mais aussi à l'altération et à l'augmentation.

92. Voir les première et deuxième parties du chapitre IV, p. 61-69.

(XIIIe siècle)[93]. Ces prémisses mathématiques ayant été posées, Bradwardine explique que, dans le mouvement local, la rapidité provient de ce que le mobile traverse un espace plus ou moins grand en un temps donné. Et il précise que cet espace est soit réel, soit imaginaire (il fait alors référence au mouvement de la sphère des étoiles fixes, qui, dans sa convexité, ne décrit aucun espace ; mais il est possible qu'il pense aussi au mouvement dans le vide). Il montre alors que l'espace qui doit être ici pris en compte n'est ni corporel, ni superficiel et que, par conséquent, il est linéaire. Prenons l'exemple d'un cube qui se meut de façon rectiligne sur un plan[94]. L'espace corporel est l'espace parallélépipédique traversé par l'ensemble du cube. L'espace superficiel est la surface rectangle parcourue par une des faces du cube. Et l'espace linéaire est le segment parcouru par un des points du cube. Bradwardine montre donc que l'espace parcouru ne saurait être corporel, comme d'aucuns l'affirment, car sinon un mobile dans sa totalité irait deux fois plus vite que sa moitié. Pour la même raison, il ne saurait être superficiel, comme d'autres le soutiennent. Bradwardine rejette par ailleurs l'opinion de Gérard de Bruxelles, dans son *Liber de motu* (XIIIe siècle), selon laquelle la rapidité dépendrait de l'espace total qui existe entre les termes initiaux du mouvement et les termes finaux (par exemple, si l'on considère le mouvement de rotation du rayon d'un cercle autour du centre, l'espace à envisager est l'espace angulaire entre la position initiale du rayon et sa position finale). Bradwardine affirme finalement que l'espace qui doit être considéré pour le calcul de la rapidité est le plus grand espace linéaire parcouru par un des points du mobile. Ainsi, dans le cas du mouvement d'un rayon de cercle autour du centre, le plus grand espace est celui qui est parcouru par le point qui se trouve sur la circonférence. Bradwardine

93. Voir Marshall Clagett, « Archimedes, *De curvis superficiebus* », *Osiris* 11 (1954), p. 295-358. Jean de Tinemue est par ailleurs connu pour sa version commentée des *Éléments* d'Euclide.

94. Cet exemple ne se trouve pas dans le traité de Bradwardine.

en tire plusieurs conclusions concernant le mouvement de cercles ou de sphères[95].

Nicole Oresme n'aborde pas cet aspect de la question du mouvement dans son traité.

– III –

Conséquences et applications de la règle du mouvement

À la suite de l'énoncé de la règle du mouvement, Thomas Bradwardine présente un certain nombre de conclusions dans lesquelles il s'interroge sur les conditions que doivent remplir le moteur et le mobile pour qu'il y ait mouvement. Il étudie par ailleurs la chute des corps mixtes dans des milieux pleins et dans le vide. Et il clôt son traité par des considérations sur les quatre éléments, qui sont éloignées du propos principal, mais qui lui permettent de mettre en œuvre sa théorie des rapports. Nicole Oresme, quant à lui, explique comment on peut déterminer les différents termes qui composent la règle à partir de termes connus. Et de sa théorie des rapports de rapports, il tire une conclusion sur le mouvement des astres.

1. Conséquences immédiates de la règle sur le mouvement

Dans la première partie du chapitre III de son traité, Bradwardine tire de la règle du mouvement un certain nombre de conséquences. La première est que, si la puissance du moteur est égale à la résistance du mobile, ou si elle lui est plus petite, il ne saurait y avoir de mouvement[96]. La démonstration est fondée sur la supposition selon laquelle tous les mouvements de même espèce peuvent être comparés entre eux. Si un mouvement peut être induit par un moteur dont la puissance

95. Voir p. 67-69.
96. Voir la conclusion 8, p. 50.

serait égale à la résistance, on pourrait comparer le mouvement induit par une puissance A sur un mobile de résistance B plus petite que A avec le mouvement induit par une puissance C égale à B sur le même mobile. On pourrait alors comparer le rapport de A à B et le rapport de C à B. Or le premier rapport est un rapport de plus grande inégalité et le second est le rapport d'égalité. Mais Bradwardine a établi que deux rapports de cette sorte ne peuvent être comparés. Il en conclut qu'aucun mouvement ne peut provenir d'un rapport d'égalité entre puissance et résistance. Le raisonnement est le même pour un rapport de plus petite inégalité. Il montre ensuite que tout rapport de plus grande inégalité entre puissance et résistance induit un mouvement et que tout mouvement provient bien d'un tel rapport de plus grande inégalité.

Bradwardine s'intéresse ensuite au mouvement des corps mixtes dans un milieu donné. Il montre que par la raréfaction du milieu on peut augmenter la rapidité de la chute d'un corps mixte[97]. Cette propriété est essentielle, car elle est utilisée dans certains des arguments qu'il a opposés aux opinions de ses prédécesseurs concernant le mouvement. Le raisonnement de Bradwardine est le suivant.

Il considère un corps mixte A, de lourdeur L_A et de légèreté l_A, et un corps lourd B, simple, de lourdeur L_B. Il explique que l'on peut raréfier le milieu dans lequel évoluent A et B de telle sorte que le rapport de la lourdeur L_B de B à la résistance R_B de B dans ce milieu soit plus grand ou égal au rapport de la lourdeur L_A de A à la légèreté l_A de A: $(L_B : R_B) \geq (L_A : l_A)$. Il en conclut que A se meut plus lentement que B dans ce milieu. En effet, le rapport entre la lourdeur de A, qui cause le mouvement, à la résistance de A, qui est égale à la somme de la légèreté de A et de la résistance de A au milieu, est plus petit que le rapport de la lourdeur de B à la résistance de B au milieu: $(L_A : l_A + R_A) \leq (L_B : R_B)$. Or ce sont de ces deux rapports que proviennent, selon la règle du mouvement, les rapidités des mouvements.

97. Voir la conclusion 11, p. 51.

Il est intéressant de noter ici que la résistance du corps mixte est considérée par Bradwardine comme étant la somme de la légèreté de A, qui s'oppose au mouvement naturel de chute, et de la résistance du milieu.

Bradwardine envisage enfin la chute des corps mixtes dans le vide. Il explique que, dans le vide, tous les corps mixtes de compositions semblables, c'est-à-dire ayant la même proportion de lourdeur et de légèreté, tombent avec la même rapidité[98]. En effet, la résistance du milieu étant nulle, le rapport entre la puissance motrice, qui correspond à la lourdeur, et la résistance, qui équivaut à la légèreté, est le même pour tous ces corps.

À titre de corollaire, il déduit que, dans le vide, deux corps mixtes de même composition étant posés sur une balance, le plus lourd descend. Soient, en effet, deux corps mixtes A et B de lourdeur et légèreté respectives L_A, l_A, L_B et l_B (avec $L_A \geq l_A$ et $L_B \geq l_B$). Les compositions des deux corps sont semblables, c'est-à-dire que $(L_A : l_A) = (L_B : l_B)$. Supposons que A soit plus lourd que B ($L_A > L_B$), alors la somme de la lourdeur de A et de la légèreté de B, qui sont la cause du mouvement de A, est plus grande que la somme de la lourdeur de B et de la légèreté de A, qui sont la cause du mouvement B. Donc A descend et B monte.

Notons que dans ces deux exemples, le vide n'est pas envisagé par Bradwardine comme l'occasion d'énoncer des paradoxes. Il y envisage des dispositifs physiques pour lesquels il énonce des propriétés[99].

2. Comment utiliser la règle du mouvement ?

Nicole Oresme ne s'intéresse pas à la chute des corps mixtes. À la suite de l'énoncé de la règle du mouvement, il se demande

98. Voir la conclusion 12, p. 52.

99. Pour les discussions médiévales sur la possibilité d'un mouvement dans le vide, voir Edward Grant, *Much ado about nothing. Theories of space and vacuum from the Middle Ages to the Scientific Revolution*, Cambridge, Cambridge University Press, 1981.

plutôt comment il convient de l'utiliser, comment les calculs doivent être menés. Dans la première partie du chapitre IV, il propose ainsi une série de conclusions expliquant comment déterminer l'un des termes intervenant dans la règle du mouvement, lorsque les autres sont connus. Par exemple, dans la conclusion 3, il explique que, si deux mobiles sont mus par une même puissance et que l'on connaît le rapport entre les rapidités des deux mouvements induits ainsi que le rapport entre les résistances des deux mobiles, alors on connaît, pour chacun des deux mobiles, le rapport de la puissance à la résistance.

Posons A la puissance, B et C les résistances des mobiles, avec B plus grande que C. On suppose que le rapport entre les rapidités est connu et que le rapport de B à C est connu. On veut déterminer le rapport de A à B et le rapport de A à C. Puisque l'on connaît le rapport entre les rapidités, d'après la règle du mouvement, le rapport entre le rapport de A à B et le rapport de A à C est connu. C'est-à-dire que l'on sait quelles parties du rapport de A à B est le rapport de A à C. On sait, par conséquent, quelles parties du rapport de A à B est le rapport de B à C, puisque le rapport de A à B est composé du rapport de A à C et du rapport de B à C. Mais le rapport de B à C est connu. Donc on peut en déduire quelle est la valeur du rapport de A à B. Et dans un second temps, quel est le rapport de A à C.

Plus loin, dans la conclusion 6, Oresme montre comment déterminer, lorsque cela est possible, la puissance et la résistance (à un quotient de proportionnalité près), lorsque la rapidité est donnée. Il suppose ici que la rapidité est connue grâce à la dénomination du rapport dont elle est issue. Il souligne alors qu'il existe des rapports irrationnels dont la dénomination n'est pas connue – ce sont ceux qui sont incommensurables à tout rapport rationnel. Dans ce cas, on ne peut pas déterminer la puissance et la résistance, mais on peut savoir si le rapport est plus grand ou plus petit qu'un rapport rationnel donné[100].

Si le rapport dont est issue la rapidité est rationnel, il est aisé de déterminer la puissance et la résistance à partir de la dénomination. En effet, la dénomination étant de la forme

100. Voir la conclusion 2 du chapitre IV, p. 156.

$n+p/q$ ($p < q$), les plus petits termes du rapport sont $nq+p$ et q. Donc la puissance vaut $nq+p$ et la résistance q.

Si le rapport est irrationnel, dénommé par un rapport rationnel, les calculs sont plus complexes. Oresme envisage deux cas. Premier cas : le rapport irrationnel I est plus petit que le rapport rationnel R qui le dénomme, c'est-à-dire que le rapport irrationnel est une partie ou des parties du rapport rationnel en question. Deuxième cas : le rapport irrationnel I est plus grand que le rapport rationnel R qui le dénomme. Dans ce dernier cas, on sait que I n'est pas un multiple de R, car sinon il serait rationnel. Donc le rapport de I à R est soit superparticulier, soit superpartient, soit multiple superparticulier, soit multiple superpartient.

Considérons le premier cas. Supposons que le rapport irrationnel I est les p q-ièmes parties du rapport rationnel R, c'est-à-dire, en termes modernes, que $I = R^{p/q}$ ou $I^q = R^p$. Nicole Oresme explique qu'il faut choisir deux lignes A et B telles que R soit le rapport entre A et B. On détermine ensuite q -1 lignes $A_1 \dots A_{q-1}$, médianes entre A et B ; le rapport de A à B se compose des rapports intermédiaires : $(A : B) = (A : A_1) \bullet (A_1 : A_2) \bullet \dots \bullet (A_{q-1} : B)$. Alors $I = (A : A_1)^p = (A : A_p)$, donc I est le rapport entre A et A_p. Par conséquent la puissance est A et la résistance A_p.

Oresme donne comme exemple le rapport I, moitié du rapport double. R étant le rapport double, on choisit deux lignes A et B telles que A est le double de B. Puis on détermine une ligne médiane C entre A et B (soit, en termes modernes, $C = \sqrt{AB}$). Le rapport I est donc le rapport entre A et $B\sqrt{2}$ ou entre $B\sqrt{2}$ et B.

Si I est plus grand que R et que le rapport entre I et R est un rapport superparticulier ou un rapport superpartient (en termes modernes on a : $I = R^{1+p/q}$ ou $I^q = R^{p+q}$), déterminons, comme précédemment, deux lignes A et B telles que R soit le rapport de A à B, puis q-1 lignes $A_1 \dots A_{q-1}$, médianes entre A et B. Puis déterminons p lignes, $B_1 \dots B_p$ au delà de B dans la même proportionnalité continue, c'est-à-dire que $A, A_1 \dots A_{q-1}, B, B_1 \dots B_p$ sont proportionnelles. Alors I est le rapport entre A et B_p. En effet, le rapport de A à B_p est décomposé en $p+q$ rapports égaux à $(A : A_1)$, soit à $R^{1/q}$. Donc $(A : B_p) =$

$(R^{1/q})^{p+q} = R^{1+p/q} = I$. Ainsi, la puissance est A et la résistance B_p. On peut aussi déterminer p lignes $C_1 \dots C_p$ au delà de A dans la même proportionnalité continue, c'est-à-dire que $C_p \dots C_1$, A, $A_1 \dots A_{q-1}$, B sont proportionnelles, et alors I est le rapport entre C_p et B, donc la puissance est C_p et la résistance B.

À titre d'exemple, Oresme prend pour R le rapport double et considère le rapport irrationnel I tel que le rapport de I à R soit le rapport superpartient deux tiers (c'est le rapport de 5 à 3, de dénomination 1+2/3). Donc, en reprenant les notations précédentes, $p = 2$ et $q = 3$. On choisit alors deux lignes A et B telles que A est le double de B (A est à B dans le rapport R), puis on détermine deux lignes médianes C et D entre A et B (en termes modernes, on a $C = B\sqrt[3]{4}$ et $D = B\sqrt[3]{2}$). Enfin, on détermine deux autres lignes E et F dans la même proportionnalité continue, au delà de B. En termes modernes, $E = B\sqrt[3]{1/2}$ et $F = B\sqrt[3]{1/4}$. Alors le rapport I est le rapport entre A et F, soit le rapport entre 2 et $\sqrt[3]{1/4}$ ou entre $2\sqrt[3]{4}$ et 1.

Enfin, si le rapport entre I et R est un rapport multiple superparticulier ou multiple superpartient (en termes modernes on a : $I = R^{n+p/q}$ ou $I = R^n \bullet J$ avec $J = R^{p/q}$), on détermine deux lignes A et B telles que R^n soit le rapport de A à B, puis on détermine une ligne F telle que J soit le rapport de B à F. Alors I est le rapport entre A et F. On peut aussi déterminer D telle que J soit le rapport de D à A et alors I est le rapport entre D et B.

Exemple : R est le rapport double, et le rapport de I à R est le rapport triple superpartient trois quarts (rapport entre 15 et 4, de dénomination 3+3/4). On a $n = 3$, $p = 3$ et $q = 4$ et J est le rapport irrationnel qui vaut les trois quarts du rapport R. On commence par déterminer A et B telles que A soit à B dans le rapport octuple (R^3). Puis on détermine F telle que B à F soit le rapport J, en utilisant l'algorithme décrit plus haut (premier cas), alors I est le rapport entre A et F. En termes modernes, J est le rapport entre $\sqrt[4]{8}$ et 1 et I est le rapport entre $8\sqrt[4]{8}$ et 1.

On voit, dans ce quatrième chapitre, comment Nicole Oresme manie avec virtuosité les outils qu'il a mis en place pour le calcul des rapports de rapports et quelles applications on peut en tirer pour l'usage de la règle du mouvement.

3. La grande année

Le quatrième chapitre du traité de Nicole Oresme se termine par des considérations sur le mouvement des orbes célestes et sur les configurations des astres. Adversaire de l'astrologie, Oresme veut en saper un des fondements grâce à une démonstration mathématique[101]. Il tente en effet de montrer que les configurations des astres sont, à chaque instant, uniques et ne sauraient par conséquent se reproduire. Ainsi, la croyance en une grande année, qui verrait tous les trente-six mille ans revenir l'ensemble des astres dans la même disposition, serait fausse.

Cette attention portée contre l'astrologie n'est pas nouvelle. Ainsi, le traité *Sur les rapports de rapports* a été chronologiquement précédé d'un traité intitulé *Pour ceux dont l'attention se fixe sur un petit nombre de sujets* (*Ad pauca respicientes*)[102] dans lequel Oresme abordait la question des mouvements des astres. Cette question lui tient particulièrement à cœur, puisqu'il y reviendra, plus tard, dans son traité *Sur la commensurabilité et l'incommensurabilité des mouvements du ciel*. Dans son premier écrit, il rejetait déjà l'idée d'un retour des configurations en arguant du fait que les mouvements des astres étaient très probablement incommensurables entre eux. Le traité *Sur les rapports de rapports* lui offre l'occasion de démontrer cette assertion.

L'argumentation de Nicole Oresme est fondée sur une intuition mathématique, qu'il n'a pas les moyens de démontrer parfaitement, comme il l'avoue lui-même[103], à savoir que, dans une collection de rapports, il y a une forte probabilité pour que deux rapports soient incommensurables entre eux, et donc que leur rapport soit irrationnel, et cette probabilité

101. Voir p. 172-173.

102. Ce traité est édité par E. Grant à la suite du traité *Sur les rapports de rapports*, mais chronologiquement, il a été rédigé avant par Nicole Oresme. Voir Max Lejbowicz, « Nicole Oresme dans la lumière de l'urbanité », dans Paul J. J. M. Bakker (éd.), *Chemins de la pensée médiévale. Études offertes à Zénon Kaluza*, Turnhout, Brepols, 2002, p. 675-708.

103. Voir p. 92.

augmente avec le nombre de rapports envisagés. Ainsi, il y a une probabilité élevée pour que deux astres du ciel soient tels que le rapport de leurs rapidités soit irrationnel, puisqu'il provient d'un rapport de rapports. Par conséquent, une configuration d'astres à un instant donné a une chance infime de se reproduire dans le futur ou d'avoir eu lieu dans le passé, contrairement à ce qu'affirment les astrologues.

Oresme tente une explication de cette intuition. C'est l'objet de la dixième conclusion du troisième chapitre : « Étant donnés deux rapports inconnus, il est vraisemblable qu'ils soient incommensurables »[104]. Il commence par rappeler qu'il existe trois types de rapports : les rapports rationnels, les rapports irrationnels dénommés par un rapport rationnel et les rapports irrationnels non dénommés par un rapport rationnel, car incommensurables à tout rapport rationnel. Si l'on choisit deux rapports au hasard, plusieurs cas de figure se présentent : soit les deux rapports sont rationnels, soit les deux sont irrationnels, soit l'un est rationnel et l'autre irrationnel.

Dans le premier cas, Oresme explique que les deux rapports rationnels ont une forte probabilité d'être incommensurables entre eux. Il commence par considérer les rapports multiples. Il montre que, si on prend deux rapports parmi les cent premiers rapports multiples, il y a seulement 25 chances sur 4950 qu'ils soient commensurables entre eux, donc 4925 chances sur 4950 qu'ils ne le soient pas. En effet, on peut former 4950 paires de rapports avec les cent premiers multiples. Or Oresme a montré qu'un rapport du genre du multiple n'est commensurable à un autre rapport du genre du multiple que s'il en est un multiple ou une partie[105]. Ainsi, les multiples du rapport double, à savoir le rapport quadruple, le rapport octuple, le rapport sédécuple et le rapport 64-uple sont commensurables

104. Voir p. 169-170. Pour cette proposition, voir Norbert Meunier, « À propos de l'utilisation par Nicole Oresme d'une argumentation "probabiliste" », dans Pierre Souffrin et Alain Segonds, *Nicolas Oresme. Tradition et innovation chez un intellectuel du XIVe siècle*, Paris, Les Belles Lettres, 1988, p. 165-177.

105. Voir les premières conclusions du chapitre III, p. 128.

entre eux; ils forment 15 paires. Et tous ces rapports sont incommensurables aux autres rapports multiples plus petits que le rapport 101-uple. Si maintenant on considère les multiples du rapport triple, à savoir le rapport nonuple, le rapport 27-uple et le rapport 81-uple, ils sont aussi commensurables entre eux et incommensurables à tous les autres rapports multiples plus petits que le rapport 101-uple; ils forment 6 paires. Les multiples du rapport quadruple font partie des multiples du rapport double; ils ont déjà été comptés. Le seul multiple du rapport quintuple plus petit que le rapport 101-uple est le rapport 25-uple. Ces deux rapports forment une paire de rapports commensurables entre eux. De même le rapport sextuple et son multiple, le rapport 36-uple, forment une autre paire; le rapport septuple et le rapport 49-uple une autre. Le rapport octuple et le rapport 64-uple ont déjà été comptés; le rapport nonuple et le rapport 81-uple aussi. Il reste le rapport décuple et le rapport centuple qui forment une dernière paire de rapports commensurables. Ainsi, on a 15 + 6 + 1 + 1 + 1 + 1 = 25 paires de rapports commensurables entre eux[106]. Tous les autres rapports du genre du multiple, plus petits que le rapport 101-uple, sont incommensurables entre eux. On sait par ailleurs que tous les rapports superparticuliers sont incommensurables entre eux[107] et que tous les rapports multiples sont incommensurables aux rapports d'un autre genre, etc. Ainsi, la probabilité pour que deux rapports rationnels soient commensurables entre eux est très faible.

Considérons maintenant deux rapports irrationnels dénommés par des rapports rationnels. La probabilité pour que ces deux rapports rationnels soient incommensurables entre eux est très forte. Or si ces deux rapports sont incommensurables entre eux, alors les deux rapports irrationnels qu'ils dénomment sont incommensurables entre eux. Donc la probabilité pour que deux rapports irrationnels ayant une dénomination soient incommensurables est très élevée. Oresme passe très vite sur les autres cas de figure.

106. Ce dénombrement se trouve p. 141-142.
107. Voir la conclusion 5 du chapitre III, p. 131.

4. La proportionnalité des quatre éléments

Le quatrième chapitre du traité de Thomas Bradwardine se termine par des considérations sur la proportionnalité des quatre éléments qui, aux dires même de l'auteur, ont peu de rapport avec le sujet principal de l'ouvrage, à savoir la proportionnalité des rapidités dans les mouvements[108]. Toutefois, nous allons voir que cette question permet d'illustrer la théorie des rapports de rapports sur un autre exemple que le mouvement, en mettant notamment en pratique la technique de l'insertion des médians, qui est au cœur de la théorie, comme nous l'avons vu avec Nicole Oresme.

Bradwardine part de l'hypothèse que les quatre éléments, la terre, l'eau, l'air et le feu, forment une proportionnalité, s'appuyant pour cela sur deux passages du commentaire d'Averroès sur le traité *Du ciel* (commentaire 32 du livre II et commentaire 47 du livre III). Il faut comprendre ici que ce sont les sphères correspondant à chacun des quatre éléments qui sont proportionnelles, à savoir la sphère de la terre, la sphère contenant la terre et l'eau, la sphère contenant la terre, l'eau et l'air, puis la sphère contenant les quatre éléments, dite aussi sphère des corruptibles, qui correspond à l'orbe de la lune. Bradwardine va alors proposer une évaluation des rayons et des volumes de ces quatre sphères. Pour cela, il se fonde sur l'estimation qu'a fournie al-Farghānī, célèbre astronome persan du IXe siècle, de la plus petite distance de la terre à la lune, qui est égale à 33 fois le rayon de la terre et « la moitié de sa moitié et sa vingtième partie » (soit 33,3 fois). Puisque l'orbe de la lune correspond à la sphère des corruptibles, on en déduit immédiatement que le rayon de la sphère des corruptibles contient 33,3 fois le rayon de la sphère de la terre. Dans la suite des calculs, Bradwardine considère simplement que le rayon de la sphère des corruptibles contient 33 fois le rayon de la sphère de la terre.

108. Voir ce que dit Bradwardine en introduction à la troisième partie du quatrième chapitre, p. 69.

De là, on peut déduire facilement le rapport entre le volume de la sphère des corruptibles et le volume de la sphère de la terre. En effet, le rapport entre les volumes de deux sphères données est le triple du rapport entre leurs rayons. Or, pour déterminer le triple d'un rapport, il suffit de construire une proportionnalité de quatre termes selon ce rapport. Bradwardine considère donc la proportionnalité : 1, 33, 1089, 35937. Le rapport de 35937 à 1 est le triple du rapport de 33 à 1. Ainsi, le rapport entre le volume de la sphère des corruptibles, ou de la sphère contenant les quatre éléments, et le volume de la sphère de la terre est de 35937 à 1.

Bradwardine cherche alors à déterminer quelle est la part de chacun des éléments dans cette sphère. Pour cela, il suppose que les quatre éléments remplissent ou sont susceptibles de remplir la sphère des corruptibles. Il vient de démontrer que si l'on prend comme unité de volume la sphère de la terre, les quatre éléments occupent un volume de 35937 unités. Les volumes occupés par chacun des quatre éléments forment donc une proportionnalité continue de quatre termes commençant à 1 dont la somme fait 35937[109]. Bradwardine procède par encadrement. Il considère en premier lieu la proportionnalité dans le rapport de 32 à 1 : 1, 32, 1024, 32768. Il remarque que la somme de ces quatre nombres fait 33825, qui est plus petit que 35937. Et si l'on considère la proportionnalité dans le rapport de 33 à 1, la somme des quatre termes vaut 37060, qui est plus grand que 35937. Donc le rapport entre les volumes occupés par deux éléments voisins est plus grand que le rapport de 32 à 1 et plus petit que le rapport de 33 à 1. Il obtient le même encadrement en partant de l'estimation d'al-Farghānī.

Bradwardine cherche ensuite à déterminer le rapport entre la sphère du feu et la sphère contenant les trois autres éléments. D'après l'estimation précédente, les quatre éléments forment une proportionnalité numérique dans un rapport qui se situe entre 32 à 1 et 33 à 1. Donc les trois éléments inférieurs valent entre 1057 unités de volume (= 1 + 32 + 1024) et 1123

109. En termes modernes, les volumes des quatre éléments sont 1, x, x^2 et x^3 avec $1 + x + x^2 + x^3 = 35937$.

unités (= 1 + 33 + 1089). Donc le rapport entre la sphère du feu et la sphère des trois éléments inférieurs est plus grand que le rapport de 32768 à 1057, qui lui-même est plus grand que le rapport de 31 à 1. Et il est plus petit que le rapport de 35937 à 1123, qui est plus petit que le rapport de 32 à 1.

Cette estimation permet de déterminer la distance entre le centre de la terre et la surface extérieure de l'air. Cette surface correspond à la surface de la sphère qui contient les trois éléments inférieurs. Or nous venons de voir que le rapport entre le volume de la sphère contenant les trois éléments inférieurs et le volume de la sphère de la terre est plus grand que le rapport de 1057 à 1. Par conséquent, le rapport entre les diamètres de ces sphères est plus grand que le tiers de ce rapport. Bradwardine veut montrer que ce rapport est plus grand que le rapport décuple. Pour cela il construit la proportionnalité continue : 1, 10, 100, 1000. Il remarque que le rapport de 1000 à 1 est plus petit que le rapport de 1057 à 1. Donc le tiers du rapport de 1000 à 1, à savoir le rapport 10 à 1, est plus petit que le tiers du rapport de 1057 à 1, qui est lui-même plus petit que le rapport entre le diamètre de la sphère des trois éléments inférieurs et le diamètre de la sphère de la terre. En partant de l'autre estimation, on montre que ce dernier rapport est plus petit que le rapport de 11 à 1. Comme les diamètres sont proportionnels aux rayons, on en déduit que le rayon de la sphère des trois éléments inférieurs, qui est aussi la distance du centre de la terre à la surface extérieure de l'air, est compris entre 10 fois et 11 fois le rayon de la terre.

Pour finir, Bradwardine démontre qu'un point qui se trouverait à une distance moyenne entre la surface intérieure du ciel et le point central de la terre ou, autrement dit, à la moitié du rayon de la sphère des corruptibles, se situerait au-dessus de la surface extérieure de l'air, c'est-à-dire dans le feu. En effet, le rayon de la sphère des corruptibles vaut 33 fois le rayon de la terre, donc le point se situerait à une distance égale à 16 fois et demie le rayon de la terre. Or le rayon de la sphère des trois éléments inférieurs (dont la surface est la surface extérieure de l'air) vaut moins de 11 fois le rayon de la terre. Ainsi, le point se trouve bien au delà de l'air. Ce calcul est important, car le lieu naturel d'un corps mixte fait à égalité de légèreté et de lourdeur se trouve précisément à une distance moyenne entre la surface intérieure du ciel et le centre de la terre, comme l'a remarqué Blaise de Parme dans son commentaire sur le traité de Thomas Bradwardine[110].

– IV –

La postérité

La question du mouvement est discutée à Oxford, par les *Calculatores*, du temps de Thomas Bradwardine. Et dès le milieu de XIVe siècle, ces discussions sont reprises à Paris, où la règle du maître anglais est communément admise, même si des doutes sont parfois soulevés quant à son champ d'application. Nous en avons eu la preuve avec le traité *Sur les rapports de rapports* de Nicole Oresme. Mais on retrouve aussi l'influence du traité de Bradwardine dans les commentaires sur la *Physique* de Jean Buridan, de Nicole Oresme, d'Albert de Saxe, ou encore de Marsile d'Inghen[111]. La théorie du mouvement fait aussi l'objet d'un traité synthétique d'Albert de Saxe[112].

L'influence des discussions des maîtres anglais se fait aussi sentir dans le nord de l'Italie, là encore dès le milieu du XIVe siècle. Ainsi, le maître padouan François de Ferrare compose, en 1352, une *Question sur les proportionnalités des mouvements* dans laquelle il expose la règle de Bradwardine qu'il considère, à l'instar des maîtres parisiens, comme l'interprétation correcte

110. Blaise de Parme, *Questiones circa Tractatum proportionum…*, *op. cit.*, question 12, p. 226.

111. Voir A. Maier, *Die Vorlaüfer Galileis im 14 Jahrhundert*, *op. cit.*, p. 98 ; voir aussi Edith D. Sylla, « Transmission of the New Physics of the Fourteenth Century from England to the Continent », dans Stefano Caroti et Pierre Souffrin (éds.), *La nouvelle physique du XIVe siècle*, Firenze, Leo S. Olschki, 1997, p. 65-110.

112. Voir Hubert L. L. Busard, *Der Tractatus Proportionum von Albert von Sachsen*, *op. cit.*

de la règle d'Aristote[113]. Cette influence se poursuit à la fin du XIVe siècle et au XVe siècle. Ainsi, la règle du mouvement est discutée dans les écrits d'Ange de Fossombruno et de Messino de Codronchi, qui datent du dernier quart du XIVe siècle[114]. Et c'est à un contemporain des deux maîtres italiens, Blaise de Parme, que l'on doit deux rédactions de *Questions sur le traité des rapports de Thomas Bradwardine*[115].

Si, dans la première version de ses *Questions*, Blaise accepte la règle du mouvement soutenue par Bradwardine, tout en l'aménageant pour prendre en compte des problèmes que pose son application, il la rejette pour des raisons à la fois mathématiques et physiques, dans la seconde version[116]. Il reproche en particulier à Bradwardine l'utilisation des termes « double » et « triple » pour la composition des rapports par eux-mêmes, car, selon lui, cela peut créer de la confusion. Il joue d'ailleurs sur cette possible confusion, parfois avec mauvaise foi, pour critiquer la théorie mise en place par le maître anglais. Par ailleurs, Blaise pointe les paradoxes engendrés par l'utilisation de la règle de Bradwardine dans le cas où la résistance deviendrait nulle. À partir de considérations sur le mouvement dans le vide et sur les mouvements

113. Voir Marshall Clagett, « Franciscus of Ferrara's Questio de proportionibus motuum », *Annali dell'Istituto e Museo di storia della scienza di Firenze* (1978), p. 3-63; voir aussi Anne Harrison, « Blasius de Parma's Critique of Bradwardine's "Tractatus de proportionibus" », dans Antonino Poppi (éd.), *Scienza e filosofia all'università di Padova nel quattrocento*, Trieste, Edizioni Lint, 1983, p. 19-69, en particulier p. 26-29.

114. Voir Jean Celeyrette, « Le mouvement selon la cause chez Messino da Codronchi et Angelo de Fossombruno », dans Joël Biard et Sabine Rommevaux (éds.), *Mathématiques et Théorie du mouvement (XIVe-XVe siècles)*, Villeneuve d'Ascq, Presses universitaires du Septentrion, 2008, p. 15-30.

115. La première version se trouve dans un seul manuscrit, à Milan (Ambrosiana, F. 145 sup, fos 5va-18rb) et est inédite. La seconde version est éditée dans Blaise de Parme, *Questiones circa Tractatum proportionum*..., *op. cit.*

116. Voir Sabine Rommevaux, « Les règles du mouvement de Blaise de Parme dans les deux versions de ses *Questions sur le traité des rapports de Thomas Bradwardine* », dans Joël Biard et Sabine Rommevaux (éds.), *Mathématiques et Théorie du mouvement*..., *op. cit.*, p. 31-58.

pour lesquels l'action se fait sans résistance, Blaise propose ses propres règles pour lesquelles il sera amené à distinguer deux sens du mot « rapidité », qui est considéré soit comme le temps mis par le mouvement, soit comme l'effet produit par ce mouvement (distance parcourue, chaleur engendrée, etc.). Son traitement de la question du mouvement s'écarte ainsi considérablement de celui qui est proposé par Thomas Bradwardine.

À la suite de Blaise, on trouve en Italie, jusqu'à la fin du XVIe siècle, une série de textes dans lesquels la théorie du mouvement est débattue. Citons, par exemple, la *Question sur le rapport entre les mouvements quant à la rapidité* de Giovanni Marliani (ca. 1420-1483)[117] ou la *Question sur le rapport entre les mouvements* d'Alessandro Achillini (1463-1512), qui reprennent les critiques mathématiques émises par Blaise à l'encontre du maître anglais[118]. Et un lointain écho de ces discussions se retrouve encore dans le commentaire sur les *Éléments* d'Euclide que composa Christoph Clavius en 1589[119].

L'influence de Nicole Oresme dans ces débats sur la question du mouvement est sans doute moins visible que celle de Thomas Bradwardine. Toutefois, on trouve des traces de la théorie oresmienne des rapports de rapports dans la première version des *Questions* de Blaise de Parme sur le traité de Thomas Bradwardine. Dans la deuxième question de ce commentaire, qui en compte dix, Blaise se demande si le rapport entre deux rapports quelconques donnés doit être pris selon le rapport entre leurs dénominations[120]. Sa réponse est négative. Pour s'en convaincre, Blaise donne l'exemple du rapport octuple qui est le triple du rapport double, mais dont la dénomination, 8, est quadruple de celle du rapport

117. Voir Marshall Clagett, *Giovanni Marliani and Late Medieval Physics*, New York, Columbia University Press, 1941.

118. Voir Joël Biard, « La *Question sur le rapport entre les mouvements* d'Alexandre Achillini », dans Joël Biard et Sabine Rommevaux (éds.), *Mathématiques et Théorie du mouvement…*, *op. cit.*, p. 59-80.

119. Voir Sabine Rommevaux, *Clavius: une clé pour Euclide…*, *op. cit.*, p. 69-72.

120. Voir, dans le manuscrit de Milan cité plus haut, le folio 6ra.

double, 2. Par ailleurs, Blaise démontre qu'aucun rapport appartenant au genre du multiple n'est commensurable à un rapport non multiple. On retrouve ici une conclusion de Nicole Oresme, même si le traitement qu'en fait Blaise est parfois maladroit. Dans cette première version, Blaise ne fait pas référence au maître français. Par contre, dans la seconde version des *Questions sur le traité des rapports*, Blaise cite explicitement le traité d'Oresme, dans la question 6, à propos de la composition des rapports[121].

Le traité *Sur les rapports de rapports* de Nicole Oresme est aussi une des sources de Messino de Codronchi que nous avons évoqué plus haut. Dans la question 12 de ses *Questions sur la question de Jean de Casale*, Messino se demande si pour n'importe quel mouvement le rapport du moteur au mobile mesure la rapidité selon la cause, et si le rapport des rapports est comme le rapport des mouvements produits par ces rapports. Il fait alors clairement référence au traité de Thomas Bradwardine. Jean Celeyrette a montré que, si Messino ne cite pas Nicole Oresme, il présente dans cette question une série de corollaires dans lesquels il reprend un certain nombre de conclusions du chapitre III du traité d'Oresme[122]; toutefois, au lieu de les énoncer en termes de rapports, il les traduit en termes de mouvements. Ainsi, la conclusion d'Oresme selon laquelle « aucun rapport multiple ou du genre du multiple n'est commensurable à un rapport plus petit que lui, non multiple ou d'un autre genre » devient chez Messino : « aucun mouvement provenant d'un rapport multiple n'est commensurable à un mouvement provenant d'un rapport rationnel non multiple plus petit ». Il propose aussi un résumé du chapitre IV.

Des éléments de la théorie bradwardinienne et oresmienne des rapports sont aussi présentés dans le *Livre sur les trois mouvements* (*Liber de triplici motu*) publié à Paris, en 1509, par le régent portugais Alvarus Thomas. Ce traité sera utilisé par Thomas

121. Voir Blaise de Parme, *Questiones super tractatum proportionum…*, *op. cit.*, p. 108-109.

122. Voir Jean Celeyrette, « Le mouvement selon la cause… », art. cit., p. 18-21.

Harriot (1560-1621), en Angleterre, dans ses écrits sur la balistique[123]. La théorie médiévale des rapports est aussi connue en Espagne, au début du XVIe siècle, grâce à l'*Arithmétique spéculative* de Gaspar Lax, publiée à Paris en 1515, à compléter par son traité *Proportions* qui paraît la même année. Et on trouve une théorie des rapports de rapports dans le *Livre d'algèbre en arithmétique et géométrie* (*Libro de algebra en arithmetica y geometria*), que Pedro Nuñez, célèbre professeur de mathématiques de l'université de Coimbra, a publié à Anvers en 1567. Il est inutile ici de multiplier les exemples. L'influence des traités de Thomas Bradwardine et Nicole Oresme se répand ainsi, du XIVe au XVIe siècle, dans toute l'Europe. Au XVIIe siècle, l'étude du mouvement prendra une direction nouvelle, après les travaux de Galilée, entre autres. Quant à la théorie des rapports de rapports, il est probable qu'elle ait eu un rôle à jouer dans la construction des logarithmes, à la même époque ; mais des études restent encore à mener sur ce point.

123. Voir Jean-Jacques Brioist et Pascal Brioist, « Harriot, lecteur d'Alvarus Thomas et de Niccolo Tartaglia », dans Joël Biard et Sabine Rommevaux (éds.), *Mathématiques et Théorie du mouvement…*, *op. cit.*, p. 146-175.

THOMAS BRADWARDINE

TRAITÉ DES RAPPORTS ENTRE LES RAPIDITÉS DANS LES MOUVEMENTS

PROLOGUE

Puisqu'il se trouve que tout mouvement successif est proportionnel à un autre en rapidité, la philosophie naturelle, qui s'occupe du mouvement, ne doit pas méconnaître quel est le rapport entre les mouvements et les rapidités dans les mouvements. Et du fait que la connaissance de ce rapport est nécessaire, mais qu'elle est très difficile et qu'elle n'a été complètement traitée dans aucune branche de la philosophie, nous avons composé cet ouvrage sur le rapport entre les rapidités dans les mouvements. Et puisque, selon le témoignage de Boèce dans le premier chapitre de son *Arithmétique*, il est clair que quiconque négligerait les sciences mathématiques ruinerait toute connaissance philosophique[1], nous avons commencé par présenter les choses mathématiques dont nous avons besoin pour notre propos, de sorte que la théorie soit plus facile et plus à la portée de l'étudiant. Et afin de rendre cette théorie plus accessible et facile, cet ouvrage est divisé en quatre sections ou chapitres.

Le premier chapitre présente les éléments mathématiques dont nous avons besoin pour notre propos, et il est divisé en trois parties. La première présente les définitions, les divisions et les autres propriétés du rapport; la deuxième, de la même manière, traite de la proportionnalité; et la troisième ajoute

1. « Il est donc certain que quiconque néglige ces sciences laisse échapper tout le savoir philosophique » (Boèce, *Institution arithmétique*, texte établi et traduit par Jean-Yves Guillaumin, Paris, Les Belles Lettres, 1995, p. 8).

quelques suppositions à partir desquelles sont démontrées quelques conclusions mathématiques.

Le deuxième chapitre discute quatre opinions ou écoles de pensée au sujet du rapport entre les rapidités dans les mouvements et, en rapport avec le nombre de ces opinions, il est divisé en quatre parties.

Le troisième chapitre rend évidente la véritable théorie du rapport entre les rapidités dans les mouvements en comparaison avec les puissances des choses mues et des moteurs, et il est divisé en deux parties. La première expose et démontre quelques conclusions au sujet du rapport entre les rapidités dans les mouvements. Et la seconde partie présente des objections contre ces conclusions et les résout.

Le quatrième chapitre explore le rapport entre les rapidités dans les mouvements en comparaison avec les quantités du mobile et des espaces parcourus, et il s'occupe particulièrement du mouvement circulaire. Il est divisé de même en trois parties. La première partie enseigne d'abord les choses mathématiques nécessaires à notre propos. La deuxième partie réfute quelques opinions au sujet du rapport entre les rapidités dans les mouvements en comparaison avec les grandeurs des moteurs et des espaces parcourus, et elle fait voir la véritable théorie. La troisième partie dévoile quelques mystères au sujet des rapports entre les éléments.

Venons-en donc à notre propos.

PREMIER CHAPITRE

Première partie du premier chapitre

Tout rapport est, ou bien dit au sens général, ou bien pris au sens propre. Au sens général, on le trouve dans toutes les choses qui sont susceptibles d'être égales, ou plus grandes, ou plus petites, ou bien même semblables, ou plus, ou moins. Donc on le trouve dans toutes les choses qui peuvent être comparées entre elles. Et il peut être défini ainsi : le rapport est, pour deux choses qui sont comparées, la relation de l'une à l'autre en liaison avec ce selon quoi elles sont comparées.

Quant au rapport pris au sens propre, il ne se trouve que dans les quantités, et on le définit de cette manière : le rapport est, pour deux quantités de même genre, la relation de l'une à l'autre. Ce rapport se divise en deux classes : en effet, est rationnel et du premier rang de la proportionnalité celui qui est immédiatement dénommé par quelque nombre, comme le rapport double, triple, etc. ; et occupe le second rang celui qui est appelé irrationnel, qui n'est pas immédiatement dénommé par quelque nombre, mais seulement médiatement – puisque immédiatement dénommé par quelque rapport, qui est immédiatement dénommé par un nombre –, comme la moitié du rapport double, qui est le rapport de la diagonale au côté, et la moitié du rapport sesquioctave, qui constitue la moitié du ton[1].

1. Pour cette notion de dénomination d'un rapport, rationnel ou irrationnel, voir notre introduction, p. XXXIV.

Le rapport rationnel diffère du rapport irrationnel, puisque l'on trouve le premier seulement dans les quantités commensurables ou rationnelles et que l'on trouve le second seulement dans les quantités incommensurables ou irrationnelles. Les quantités communicantes, commensurables ou rationnelles sont celles pour lesquelles il existe une mesure commune mesurant précisément n'importe laquelle d'entre elles, comme une ligne de deux pieds et une ligne de trois pieds pour lesquelles une ligne d'un pied mesure précisément chacune d'elles. Et les quantités non communicantes, incommensurables ou irrationnelles sont celles pour lesquelles il n'existe pas de mesure commune mesurant précisément n'importe laquelle d'entre elles; de cette sorte sont la diagonale et le côté d'un carré.

On trouve le rapport rationnel dans les nombres et dans n'importe quelles autres quantités. Quant au rapport irrationnel, il ne peut pas exister dans les nombres, mais il existe dans toutes les autres quantités. Le premier appartient à l'arithmétique et aux autres disciplines mathématiques; quant au second, on admet qu'il n'appartient pas à l'arithmétique, mais qu'il appartient à toutes les autres disciplines mathématiques.

Le rapport au sens le plus strict, qui concerne l'arithmétique, est divisé par les arithméticiens de cette manière: certains rapports sont d'égalité, certains autres sont d'inégalité. Le rapport d'égalité est, pour deux quantités égales, la relation de l'une à l'autre. Et le rapport d'inégalité est, pour deux quantités inégales, la relation de l'une à l'autre. Quant à ce dernier, il se divise en deux classes: les uns, en effet, sont de plus grande inégalité et les autres de plus petite inégalité. Du premier type de ces rapports est la relation d'une quantité plus grande à une plus petite; du second type est la relation d'une quantité plus petite à une plus grande.

Par ailleurs, le premier type de ces rapports contient cinq espèces, dont trois sont simples, à savoir le multiple, le superparticulier et le superpartient; les deux autres sont composées à partir de la première et des deux autres espèces simples, à savoir le multiple superparticulier et le multiple superpartient.

Le rapport multiple est la relation d'une quantité plus grande à une quantité plus petite, la plus grande contenant la plus petite un certain nombre de fois. Et celui-ci est de nouveau divisé en une infinité d'espèces. En effet, si la plus grande quantité contient la plus petite deux fois, le rapport est appelé double, si trois fois, triple, et ainsi indéfiniment.

Le rapport superparticulier est la relation d'une quantité plus grande à une quantité plus petite, la plus grande contenant une seule fois la plus petite et une de ses parties aliquotes. Et la partie aliquote est celle qui, prise un certain nombre de fois, réalise exactement son tout. La partie non aliquote est celle qui, prise un certain nombre de fois, ne réalise en aucune manière exactement son tout, comme 2 relativement à 5. Et ce rapport reçoit une infinité de divisions, puisque, si la plus grande quantité contient la plus petite une seule fois et sa moitié, le rapport est nommé sesquialtère ou hémiole, comme est le rapport de 3 à 2 ; si la plus grande quantité contient la plus petite une seule fois et sa troisième partie, il est dit sesquitièrce, comme sont 4 relativement à 3. Les espèces sont ainsi produites à l'infini.

Le rapport superpartient est la relation d'une quantité plus grande à une plus petite, la plus grande contenant une seule fois la plus petite et quelques-unes de ses parties aliquotes qui ne constituent pas une seule partie aliquote. Celui-ci, comme l'autre, est divisé en une infinité d'espèces, de trois manières : premièrement, selon le nombre des parties susdites ; deuxièmement, selon la dénomination des mêmes parties ; troisièmement, en mélangeant les deux. Ainsi, si la plus grande quantité contient la plus petite une seule fois et deux de ses parties de cette sorte (comme le cinquième, le tiers), le rapport est dit superbipartient, si trois de ses parties, supertripartient, et ainsi, sans s'arrêter. Si la plus grande quantité contient la plus petite une seule fois et quelques-unes de ses parties de cette sorte, qui soient des tiers du tout, le rapport est nommé superpartient des troisièmes ou supertiers, si ces parties sont des quarts, superpartient des quatrièmes, et l'on poursuivra toujours de la même manière.

Du mélange de ces espèces est engendrée une infinité d'autres espèces. En effet, si la plus grande quantité contient la plus petite une seule fois et deux de ses parties de cette sorte, qui soient des tiers du tout, le rapport doit être dit superbipartient des troisièmes ou superbitiers : tel est le rapport de 5 à 3. Si ces parties sont des cinquièmes du tout, on nommera le rapport superbipartient des cinquièmes ou superbicinquième : tel est le rapport de 7 à 5. Et ce processus ne finit nulle part. Si la plus grande partie contient la plus petite une seule fois et trois de ses parties de cette sorte, qui soient les quarts du tout, le rapport est appelé supertripartient des quatrièmes ou supertriquart : tel est le rapport de 7 à 4. Ainsi, quelle que soit la manière de faire, le processus est sans fin.

Le rapport multiple superparticulier est la relation d'une quantité plus grande à une quantité plus petite, la plus grande contenant la plus petite quelques fois et une de ses parties aliquotes. Il est divisé en une infinité d'espèces de trois manières. Premièrement, il est divisé selon la multiplicité, comme en le rapport double superparticulier, le triple superparticulier, et l'on peut toujours poursuivre de cette manière. Deuxièmement, il est divisé selon la superparticularité, comme en le rapport multiple sesquialtère, le multiple sesquitièrce, et ainsi de suite, indéfiniment. Troisièmement, il est divisé en mélangeant l'un et l'autre, comme en le rapport double sesquialtère, le double sesquitièrce, le triple sesquialtère, le triple sesquitièrce, et l'on pourra poursuivre ainsi indéfiniment. Ces définitions et ces exemples sont clairs d'après ce qui a été dit plus haut.

Le rapport multiple superpartient est la relation d'une quantité plus grande à une quantité plus petite, la plus grande contenant la plus petite quelques fois et quelques-unes de ses parties aliquotes qui ne constituent pas une seule partie aliquote. Et ce rapport est divisé à l'infini selon sept modes. Premièrement, selon la multiplicité, il doit être divisé ainsi : en le rapport double superpartient, le triple superpartient, et ainsi indéfiniment. Deuxièmement, selon la superpartition, il est divisé selon trois modes : d'abord en le rapport multiple superbipartient, le multiple supertripartient ; ensuite en le rapport multiple superpartient des troisièmes, le multiple superpartient des quatrièmes ; enfin en le rapport multiple superbipartient des troisièmes ou le multiple superbitiers, le multiple supertripartient des quatrièmes ou le multiple supertriquart, et ainsi indéfiniment. De nouveau, en mélangeant la première division avec les trois membres de la deuxième division, on pourra poursuivre le processus indéfiniment selon les trois modes. Premièrement, on le divise en le rapport double superbipartient, le triple supertripartient et, inversement, en le rapport superbipartient double, le supertripartient triple ; ensuite, on le divise en le rapport double superpartient des troisièmes, le triple superpartient des troisièmes et, inversement, en le rapport double superpartient des quatrièmes ; enfin, on le divise en le rapport double superbitiers, le triple superbitiers et, inversement, en le rapport double superbitiers, le double superbiquart. Ainsi, le processus est sans fin pour ces nombres. Les définitions et les exemples sont suffisamment clairs d'après ce qui précède.

Le rapport de plus petite inégalité est la relation d'une quantité plus petite à une quantité plus grande. Il y en a autant d'espèces que de rapports de plus grande inégalité et ils sont désignés par les mêmes noms, la préposition « sous » ayant été ajoutée, comme sous-multiple, sous-superpartient, et de même pour toutes les autres espèces. Leurs définitions et les exemples peuvent être bien établis à partir des précédents.

De là on doit noter que tout rapport ne se trouve qu'entre deux termes seulement. On sait aussi qu'autant est le rapport d'une quantité à une autre, autant est cette quantité à l'autre, comme si le rapport est double, la première est le double de l'autre, si le rapport est sous-double, elle est le sous-double. Et autant est une quantité à une autre, autant est le rapport de celle-ci à celle-là. On doit aussi comprendre que ce qui vient d'être dit s'applique en premier lieu et en propre au rapport pris seulement au sens propre, mais s'applique en général et par métaphore au rapport pris au sens général. Ainsi, au sujet de la division et de la définition du rapport et de ses espèces, tout est clair.

Deuxième partie du premier chapitre

On en arrive maintenant à la seconde partie de ce chapitre qui traite de la proportionnalité. On sait donc que la différence ou l'excès d'une quantité sur une autre est ce selon quoi une plus petite quantité est surpassée par une plus grande. La proportionnalité, qui est nommée médiété dans le deuxième livre de l'*Arithmétique* de Boèce[2] et le deuxième livre de la *Musique* du même auteur[3], n'a pas une seule définition en raison de son caractère multiple dans sa généralité, mais elle se divise selon dix types, comme cela est suffisamment clair d'après le deuxième livre de l'*Arithmétique* de Boèce[4]. Toutefois, trois seulement de ces types sont bien connus et utiles pour la connaissance des écrits des Anciens. Les sept types restants étant laissés de côté, on doit donc étudier les trois premiers types.

La première de ces proportionnalités est appelée proportionnalité ou médiété arithmétique, la deuxième est appelée proportionnalité ou médiété géométrique et la troisième est nommée proportionnalité ou médiété harmonique. La première est l'égalité des différences; autrement dit, lorsque deux quantités quelconques sont comparées entre elles, les différences sont égales, comme pour 3, 2, 1. Cette proportionnalité appartient à l'arithmétique.

La deuxième, qui concerne les spéculations géométriques, est définie de cette manière dans le livre V des *Éléments* d'Euclide: « la proportionnalité est la similitude des rapports »[5]; autrement dit, lorsque deux quantités quelconques sont comparées entre elles, les rapports sont semblables ou égaux, comme pour 4, 2, 1.

La troisième est, pour trois termes, l'égalité ou la similitude des rapports des extrêmes et des différences; autrement dit, lorsque l'on a trois termes, le rapport du premier au dernier est semblable ou égal au rapport de la différence du premier au deuxième à la différence du deuxième au dernier, comme

2. Voir Boèce, *Institution arithmétique*, texte établi et traduit par Jean-Yves Guillaumin, Paris, Les Belles Lettres, 1995.

3. Voir Boèce, *Traité de la Musique*, introduction et traduction de Christian Meyer, Turnhout, Brepols, 2004.

4. Voir Boèce, *Institution arithmétique*, 2, 41.

5. Il s'agit de la définition 4 dans l'édition de Campanus des *Éléments* d'Euclide (Hubert H. L. Busard, *Campanus of Novara and Euclid's Elements*, Stuttgart, Franz Steiner Verlag, 2005, vol. I, p. 161; dorénavant cité comme Campanus, *Elements*). Les traductions sont de moi.

pour 6, 4, 3. En effet, le rapport de 6 à 3 est le rapport double et on trouve que le rapport de 2, qui est la différence entre 6 et 4, à l'unité, qui est la différence entre 4 et 3, est aussi le rapport double.

Ces médiétés diffèrent entre elles, puisque l'on trouve les deux premières pour trois termes au moins, mais qu'il n'y a pas un nombre maximum de termes en lesquels elles existent. Et on trouve la troisième pour trois termes seulement. Elles diffèrent aussi autrement, puisque les deux premières peuvent être continues ou discontinues, alors que la troisième est toujours continue.

Tant les médiétés arithmétiques que les médiétés géométriques sont de deux sortes : certaines sont continues, certaines sont discontinues. La médiété arithmétique continue est l'égalité des différences liées par un terme médian commun ou par des termes médians communs ; selon un seul terme, comme lorsque l'on dit : comme 3 est à 2, ainsi 2 est à 1 ; ou selon plusieurs termes : comme 4 est à 3, ainsi 3 est à 2 et 2 est à 1. Quant à la médiété discontinue, c'est l'égalité des différences qui ne sont pas liées par un terme commun ni par des termes communs, comme lorsque l'on dit que 6 est à 4 comme 3 est à 1.

La médiété géométrique continue est la similitude des rapports liés par un terme médian commun ou des termes médians communs ; selon un terme : par exemple, comme 4 est à 2, ainsi 2 est à 1 ; selon plusieurs termes : par exemple, comme 8 est à 4, ainsi 4 est à 2 et 2 est à 1. La proportionnalité discontinue est la similitude des rapports qui ne sont pas liés par un terme commun ni par des termes communs ; par exemple, comme 6 est à 3, ainsi 2 est à 1. Et tout cela est dit au sujet des médiétés, non pas en premier lieu ni en propre, mais par métaphore à partir de la quantité continue, dont les parties sont unies par un terme commun, et de la quantité discrète, dont les parties ne sont jointes par aucun terme commun, comme cela est clair d'après ce qui a été dit précédemment.

Ces médiétés diffèrent aussi du fait que l'on trouve la médiété continue dans trois termes ou plus, mais que l'on trouve la médiété discontinue dans quatre termes au moins. Elles diffèrent en outre notablement, selon ce que dit Aḥmad ibn Yūsuf dans son *Opuscule sur le rapport et la proportion*, du fait que dans la proportionnalité continue il est nécessaire que tous les termes soient de même genre, mais que dans la proportionnalité discontinue ou disjointe les termes peuvent être de genres différents[6]. Par exemple, comme une corde est à une corde, ainsi un son est à un son, et comme un moteur est à un moteur, ainsi la rapidité du premier mouvement est à la rapidité de l'autre mouvement.

Puisque des choses sont dites proportionnelles à partir de la proportionnalité, elles peuvent, par leur relation de communauté à la proportionnalité, être définies par un énoncé analogue, mais pas univoque, de cette manière : proportionnelles sont les choses qui sont dans un certain rapport. Et puisque la proportionnalité est divisée en dix modes, les choses proportionnelles sont aussi divisées de la même manière, mais seuls les trois premiers modes doivent être étudiés à présent. Donc proportionnelles en proportionnalité arithmétique sont les choses dont les différences sont égales. Proportionnelles en proportionnalité géométrique sont celles dont les rapports sont égaux ou semblables, ou dont le rapport est un, comme il plaît à Euclide[7]. Et proportionnelles en proportionnalité harmonique sont celles dont les rapports des extrêmes et des différences sont semblables ou égaux. Tout cela est clair d'après ce qui a été dit précédemment, avec les exemples. De là, il est évident que 3 est le plus petit nombre de termes en lesquels

6. « Dans une proportionnalité discontinue, il n'est pas interdit que l'antécédent et le conséquent de l'un des rapports soient d'un genre de la quantité différent du genre auquel appartiennent l'antécédent et le conséquent de l'autre rapport, comme si on a un rapport d'une ligne à une ligne comme celui d'une surface à une surface, d'un nombre à un nombre, ou d'un temps à un temps. Mais dans une proportionnalité continue, il n'est pas possible que toutes les quantités ne soient pas d'un seul genre » (Texte latin édité, avec une traduction anglaise, par D. Schrader, *The "Epistola De Proportione et Proportionalitate" of Ametus filius Iosephi*, Ph. D, The University of Wisconsin, 1961 ; le passage cité se trouve p. 79 ; c'est moi qui traduis).

7. C'est la définition 7 du livre V dans la version de Campanus (*Elements*, vol. I, p. 165).

on trouve une proportionnalité et qu'il n'y a aucun nombre maximum de termes dans lesquels elle existe.

Parmi les choses proportionnelles en proportionnalité géométrique, permutativement proportionnelles en proportionnalité géométrique sont celles pour lesquelles l'antécédent de l'un des rapports est à l'antécédent de l'autre rapport, comme le conséquent du premier rapport est au conséquent de l'autre rapport[8]. Par exemple, 8, 4, 2 et 1 sont proportionnels en proportionnalité géométrique ; en effet, le rapport de 8 à 4 est le même que celui de 2 à 1. Et 8 est aussi à 2, comme 4 est à 1, donc ces quatre termes sont permutativement proportionnels.

Parmi les choses proportionnelles en proportionnalité géométrique, inversement proportionnelles en proportionnalité géométrique sont celles pour lesquelles le conséquent de l'un des rapports est à son antécédent, comme l'autre conséquent est à son propre antécédent[9]. Par exemple, comme 8 est à 4, ainsi 2 est à 1, et inversement, comme 4 est à 8, ainsi 1 est à 2.

Une proportionnalité géométrique disjointe ou simple est l'égalité des rapports entre des antécédents quelconques pris séparément et leurs conséquents[10] ; par exemple, 8 est à 4 comme 2 est à 1.

Pour des antécédents quelconques pris avec leurs conséquents en proportionnalité disjointe ou simple, une proportionnalité géométrique conjointe est la similitude entre le rapport de l'un de ces antécédents avec son conséquent au même conséquent et le rapport de n'importe quel autre antécédent avec son conséquent à son propre conséquent[11] ; par exemple, 8 et 4 sont à 4, comme 2 et 1 sont à 1.

Pour des antécédents quelconques pris avec leurs conséquents en proportionnalité disjointe ou simple, une propor-

8. Si on a quatre quantités A, B, C et D géométriquement proportionnelles, elles sont permutativement proportionnelles lorsque (A : C) = (B : D).

9. A, B, C et D sont inversement proportionnelles si (B : A) = (D : C).

10. A, B, C et D sont en proportionnalité disjointe quand (A : B) = (C : D).

11. A, B, C, D sont en proportionnalité conjointe lorsque (A+B : B) = (C+D : D).

tionnalité géométrique renversée est la similitude entre le rapport de l'un de ces antécédents avec son conséquent au même antécédent et le rapport de n'importe quel autre antécédent avec son conséquent à ce même antécédent[12]; par exemple, 8 et 4 sont à 8, comme 2 et 1 sont à 2.

Lorsque deux multitudes de quantités sont proposées, telles que deux termes successifs quelconques de l'une des multitudes sont géométriquement proportionnels aux deux termes correspondants de l'autre multitude, une proportionnalité géométrique égale est la relation de similitude entre les rapports des premiers termes aux derniers. Par exemple, ces deux multitudes étant proposées, 3, 2, 1 et 6, 4, 2, telles que, comme 3 est à 2, ainsi 6 est à 4, et 2 est à 1, comme 4 est à 2, alors, comme un des premiers termes est à son dernier, ainsi l'autre est au sien; en effet, comme 3 est à 1, ainsi 6 est à 2.

Ces six définitions, bien qu'obscures, peuvent être clarifiées à partir du livre V des *Éléments* d'Euclide[13]. Des définitions semblables peuvent être adaptées à la proportionnalité arithmétique à partir des rapports en cette proportionnalité, en prenant en considération l'égalité des différences, comme on peut le voir facilement si on comprend ces choses.

12. A, B, C, D sont en proportionnalité renversée lorsque (A+B : A) = (C+D : C).

13. Les définitions des proportionnalités permutées, inversées, conjointes et égales correspondent aux définitions 12, 13 et 16 dans la version de Campanus (*Elements*, vol. I, p. 171-172). La définition que Thomas Bradwardine donne de la proportionnalité disjointe n'est pas celle que l'on trouve dans l'édition de Campanus; on peut y lire en effet: « Et est dite proportionnalité disjointe la comparaison égale de l'excès des antécédents sur les conséquents aux conséquents » (Définition 14 du livre V, *Elements*, vol. I, p. 172; ainsi, A, B, C et D sont en proportionnalité disjointe si (A-B: B) = (C-D : D)). Quant à la définition de proportionnalité renversée ((A+B : A) = (C+D : C)), il ne s'agit pas tout à fait de la « proportionnalitas eversa » présentée par Campanus dans la définition 15 (« La proportionnalité est dite « *eversa* » quand on a une similitude des rapports entre les antécédents et leurs excès sur leurs conséquents », *Elements*, vol. I, p. 172; A, B, C et D sont en proportionnalité « *eversa* » si (A : A-B) = (C : C-D)). Toutefois on remarque que (A+B : A) = (C+D : C) est la même chose que ((A+B : (A+B)-B) = (C+D : (C+D)-D).

Troisième partie du premier chapitre

Il reste maintenant la troisième partie de ce chapitre, qui commence par quelques suppositions.

La première est celle-ci : Tous les rapports dont les dénominations sont les mêmes ou égales sont égaux.

La deuxième est : Étant donnés deux extrêmes quelconques et un médian étant interposé ayant à chacun d'eux un rapport, le rapport du premier au troisième sera composé du rapport du premier au deuxième et du rapport du deuxième au troisième.

La troisième est : Deux ou autant de médians que l'on veut étant interposés entre deux extrêmes, le rapport du premier au dernier est produit à partir du rapport du premier au deuxième, du deuxième au troisième, du troisième au quatrième, et ainsi de suite jusqu'au dernier.

La première de ces deux dernières suppositions est la deuxième proposition du traité *Sur les rapports*, et la deuxième est la troisième proposition du même ouvrage[14].

La quatrième supposition est : Si deux quantités égales sont comparées à une troisième quantité quelconque, il y aura un seul rapport des premières à cette dernière et, de même, il y a le même rapport de cette dernière à chacune des deux premières[15].

La cinquième est : Si deux quantités inégales sont comparées à une même quantité, la plus grande aura un plus grand rapport et la plus petite un plus petit ; et si cette dernière est comparée à chacune des deux premières, elle aura un rapport

14. Bradwardine fait référence au traité *Sur les rapports* de Ps-Jordanus (voir Hubert L. L. Busard, « Die Traktate *De proportionibus* von Jordanus Nemorarius und Campanus », *Centaurus* 15 (1970), p. 193-227). Dans ce texte, il est question de dénombrer toutes les proportionnalités que l'on peut écrire à partir de la proportionnalité initiale (A : B) = (C : D)•(E : F). La proposition 2 correspond, presque textuellement, à la deuxième supposition de Bradwardine et la proposition 3 à la troisième (*Ibid.*, p. 206).

15. Si A = B alors (A : C) = (B : C) et (C : A) = (C : B).

plus grand à la plus petite, et un rapport plus petit à la plus grande[16].

La sixième est: Si on a un même rapport entre des quantités quelconques et une même quantité, ces quantités seront égales; et si le rapport entre celle-ci et celles-là est un, il est nécessaire qu'elles soient égales[17].

La septième est: Si on a quatre quantités proportionnelles, elles seront aussi permutativement proportionnelles[18].

La huitième est: Si on a quatre quantités proportionnelles et si la première est la plus grande et la dernière la plus petite, on démontre que la première et la dernière prises ensemble sont nécessairement plus grandes que les deux autres[19].

La première de ces cinq dernières suppositions est la septième proposition du livre V d'Euclide; la deuxième, la huitième; la troisième, la neuvième; la quatrième, la seizième; et la cinquième est la dernière du même ouvrage[20].

Première conclusion: Si l'on a un rapport de plus grande inégalité d'une première grandeur à une deuxième, comme de la deuxième à une troisième, le rapport de la première à la troisième sera précisément le double du rapport de la première à la deuxième ou du rapport de la deuxième à la troisième[21].

16. Si $A > B$ alors $(A : C) > (B : C)$ et $(C : A) < (C : B)$.

17. $(A : C) = (B : C)$ si et seulement si $A = B$.

18. Si $(A : B) = (C : D)$ alors $(A : C) = (B : D)$.

19. Si $(A : B) = (C : D)$ avec A la plus grande et D la plus petite, alors $A+D > B+C$.

20. Voir Campanus, *Elements,* vol. I, p. 181, 183, 188, et 196. La dernière proposition du livre V est pour Bradwardine la proposition 25. Il ne considère pas comme faisant partie des *Éléments* d'Euclide les neuf propositions qui sont ajoutées par Campanus à la fin du livre V, à moins que le manuscrit qu'il utilise ne les contienne pas.

21. Il ne faut pas entendre « double » (*dupla*) ici au sens de multiplication d'un rapport par 2, mais de composition d'un rapport par lui-même. Si on a trois grandeurs A, B et C telles que $A > B > C$ et $(A : B) = (B : C)$, alors, d'après la supposition 3, on a $(A : C) = (A : B)\bullet(B : C) = (A : B)\bullet(A : B)$, que l'on notera $(A : B)^2$. Le rapport $(A : C)$ est composé de deux rapports égaux à $(A : B)$; il est le double de $(A : B)$. J'ai choisi de traduire ici *dupla* par « double », pour garder l'interprétation additive de la composition des rapports qui est au cœur de la théorie des rapports de rapports. (Voir

On prouve directement[22] cette conclusion de cette manière : les dénominations des rapports de la première à la deuxième et de la deuxième à la troisième sont les mêmes ou semblables, donc, d'après la première supposition, ces rapports sont égaux. Et, d'après la deuxième supposition, le rapport de la première à la troisième est composé précisément de ces rapports. Donc, d'après la définition de « double », celui-ci est précisément le double de chacun d'eux. Et c'est ce que nous voulions montrer.

La deuxième conclusion est celle-ci : Si on a quatre termes continûment proportionnels, le rapport du premier au dernier est le triple de n'importe lequel des rapports de l'un de ces termes à celui qui le suit immédiatement[23] ; si on a cinq termes, ce sera le quadruple, et ainsi à l'infini, toujours un de moins, de sorte que la dénomination du rapport soit toujours plus petite d'une unité que le nombre de termes[24]. On démontrera cette conclusion, comme la précédente, à l'aide de la première et de la troisième supposition, ainsi que des définitions de « triple » et de « quadruple », etc.

notre introduction, p. XXI). Dans la traduction anglaise, Crosby dit que le rapport (A : C) est le carré du rapport (A : B), privilégiant une lecture multiplicative : « the proportion of the first to the third will be exactly the square of the proportions between the first and the second [...] » (H. Lamar Crosby, *Thomas Bradwardine. His Tractatus de Proportionibus. Its significance for the Development of Mathematical Physics*, Madison, University of Wisconsin Press, 1955, p. 79).

22. En latin : « ostensive ». Chez les Latins, la démonstration « ad ostensivam » s'oppose à la démonstration « ad impossibile » (démonstration par l'absurde).

23. Même remarque que pour la conclusion précédente. Le rapport de la première à la quatrième grandeur est composé de trois rapports égaux au rapport de la première à la deuxième.

24. Il ne s'agit pas ici de la dénomination du rapport telle qu'il l'a exposée plus haut, mais du fait que l'on nomme « double d'un autre rapport » un rapport entre les termes duquel on a pu insérer un médian de sorte que l'on a trois termes proportionnels, et « triple d'un autre rapport » un rapport entre les termes duquel on a pu insérer deux médians de sorte que l'on a quatre termes proportionnels, etc.

La troisième conclusion est : Si un premier terme est plus grand que le double d'un deuxième terme et que ce deuxième terme est exactement le double d'un troisième terme, le rapport du premier terme au troisième sera plus petit que le double du rapport du premier terme au deuxième[25].

On la démontrera directement de la même manière : en effet, que A, le premier terme, soit plus grand que le double du deuxième, qui est B, et que B soit exactement le double du troisième, qui est C. Et que B soit à D comme A est à B. Alors, D n'est pas égal à C, d'après la quatrième supposition, et il ne lui est pas plus grand, d'après la cinquième supposition et par hypothèse. Donc D est plus petit que C. Donc, d'après la cinquième supposition, le rapport de A à D est plus grand que le rapport de A à C. Et d'après la première conclusion, le rapport de A à D est le double du rapport de A à B. Donc le rapport de A à C est plus petit que le double du rapport de A à B.

La même conclusion peut être démontrée autrement, en utilisant ce qui a été démontré jusqu'à maintenant. C est plus grand que D et il y a entre eux un rapport de plus grande inégalité. Donc A et B sont deux extrêmes et le médian C est posé entre eux. Alors, d'après la deuxième supposition, le rapport de A à D est composé des rapports de A à C et de C à D. Donc le rapport de A à C est plus petit que le rapport de A à D. Or celui-ci est exactement le double du rapport de A à B, comme on l'a démontré auparavant. Donc le rapport de A à C est plus petit que le double du rapport de A à B. Et c'est ce qui avait été recherché.

La quatrième conclusion est : Si un premier terme est le double d'un deuxième terme et si ce deuxième terme est plus grand que le double d'un troisième terme, le rapport du premier terme au troisième est plus petit que le double du rapport du deuxième terme au troisième[26].

25. On a A, B et C trois quantités telles que $A > 2B$ et $B = 2C$, alors $(A : C) < (A : B)^2$.

26. On a A, B et C trois quantités telles que $A = 2B$ et $B > 2C$, alors $(A : C) < (B : C)^2$.

Cette conclusion est obtenue par une démonstration tout à fait semblable à la précédente.

Cinquième conclusion : Si on a un premier terme plus petit que le double d'un deuxième terme et si ce deuxième terme est exactement le double d'un troisième terme, le rapport du premier terme au troisième sera plus grand que le double du rapport du premier terme au deuxième.

Cette conclusion, comme la troisième, peut être démontrée de deux manières : premièrement, prenons D auquel B soit comme A est à B. On prouvera que D est plus grand que C, et de là, comme dans la démonstration de la troisième conclusion, on en conclut ce qui est proposé. Deuxièmement, prenons D précisément égal au double de B et montrons que D est plus grand que A. De là on démontre ce qui est proposé, comme cela a été fait dans la deuxième preuve de la troisième conclusion.

Sixième conclusion : Si un premier terme est le double d'un deuxième terme et si ce deuxième terme est plus petit que le double d'un troisième terme, le rapport du premier terme au troisième sera plus grand que le double du rapport du deuxième terme au troisième. Cette conclusion aura la même démonstration que la précédente.

Septième conclusion : Aucun rapport n'est plus grand ou plus petit qu'un rapport d'égalité[27].

En effet, aucun rapport d'égalité n'est plus grand ou plus petit qu'un rapport d'égalité, d'après la première supposition. Et aucun rapport de plus grande inégalité n'est plus grand ou plus petit qu'un rapport d'égalité, puisque le rapport d'égalité serait alors surpassé par un rapport de plus grande inégalité selon quelque rapport de plus grande inégalité. Et puisque,

27. Il ne faut pas entendre ici l'inégalité des rapports au sens de l'inégalité de leurs dénominations ; par exemple, la dénomination du rapport quadruple, qui est 4, est plus grande que la dénomination du rapport d'égalité, qui est 1, mais Bradwardine n'en déduit pas que le rapport quadruple est plus grand que le rapport d'égalité. Il entend en effet par « le rapport R est plus grand que le rapport S » : le rapport entre R et S est un rapport de plus grande inégalité, comme on le voit dans la démonstration qui suit. Voir aussi notre introduction, p. XXVIII.

selon ce même rapport, quelque rapport de plus grande inégalité est surpassé par ce rapport de plus grande inégalité, il s'ensuit, d'après la sixième supposition, que le rapport d'égalité et le rapport de plus grande inégalité sont égaux. Alors, d'après la même supposition, il s'ensuit que le plus grand et le plus petit sont égaux entre eux[28].

Par exemple, posons que le rapport quadruple est plus grand, du double, que le rapport d'égalité, et prenons un rapport de plus grande inégalité deux fois plus petit que le rapport quadruple, ce qui peut être fait si, entre deux extrêmes dont le plus grand est le quadruple du plus petit, est interposé un médian qui soit au plus petit extrême comme le plus grand est au même médian. En effet, interposons 2 entre 4 et 1. Alors, ces trois termes sont continûment proportionnels. Donc, d'après la première conclusion, le rapport du premier au dernier est le double du rapport du premier au deuxième. Donc le rapport du premier au deuxième est le sous-double du rapport du premier au dernier. Donc le rapport double est le sous-double du rapport quadruple. Et selon l'hypothèse fausse, le rapport d'égalité est le sous-double du rapport quadruple. Donc, d'après la sixième supposition, il est égal au rapport double. Donc les rapports de 2 à 1 et de 1 à 1 sont égaux. Donc, d'après la sixième supposition, 2 et 1 sont égaux. Et l'on peut produire un raisonnement semblable pour n'importe quel autre rapport de plus grande inégalité[29].

28. Soit E le rapport d'égalité, soit G un rapport de plus grande inégalité. On suppose que G est plus grand que E selon le rapport R de plus grande inégalité, c'est-à-dire que le rapport entre G et E est le rapport R. Bradwardine explique qu'il existe un rapport G' de plus grande inégalité tel que le rapport de G à G' est le rapport R. Il en déduit que E est égal à G'.

29. On fait l'hypothèse que (4 : 1) est le double de (1 : 1). Or on a (4 : 1) = (4 : 2)•(2 : 1), par l'interposition du médian 2 entre 4 et 1. Donc par définition, le rapport double est la moitié du rapport quadruple, ou le sous-double du rapport quadruple. Mais on a supposé que le rapport d'égalité est aussi la moitié du rapport quadruple. Donc le rapport double et le rapport d'égalité sont égaux.

Ainsi, aucun rapport de plus grande inégalité n'est plus grand que le rapport d'égalité. Et il n'est pas plus petit, puisque le rapport d'égalité serait alors plus grand qu'un rapport de plus grande inégalité selon un rapport de plus grande inégalité. Supposons donc que le rapport d'égalité soit le double du rapport double et prenons un rapport de plus grande inégalité qui soit le double du rapport double, ce qui peut être fait si du plus grand des deux termes, dont l'un est le double de l'autre, est pris un terme qui en soit le double, comme si de 2, qui est le double de l'unité, est pris le terme double, à savoir 4. Alors, d'après la première conclusion, le rapport de 4 à 1 est le double du rapport de 2 à 1. Donc le rapport quadruple est le double du rapport double et, par hypothèse, le rapport d'égalité de même. Donc, d'après la sixième supposition, le rapport d'égalité et le rapport quadruple sont égaux. Alors, d'après la même supposition, ce qui est le quadruple de quelque chose et ce qui lui est égal seraient égaux.

Ou ainsi : si le rapport de plus grande inégalité était plus petit que le rapport d'égalité, alors, pris un certain nombre de fois, il lui serait égal ou plus grand. Ceci est faux, puisqu'un rapport de plus grande inégalité, pris un nombre quelconque de fois, produit toujours un rapport de plus grande inégalité plus grand, comme cela peut être montré d'après la première et la deuxième conclusion[30].

De même, on peut montrer que le rapport d'égalité n'est pas plus petit qu'un rapport de plus grande inégalité, puisque, pris un certain nombre de fois, il lui serait alors égal ou plus grand. Le conséquent est faux puisque, des choses égales étant interposées un nombre quelconque de fois, le rapport de la première à la dernière n'est pas plus grand que le rapport de la première à la deuxième, mais toutes restent entièrement dans un même rapport d'égalité.

Et un rapport de plus petite inégalité n'est pas plus grand ou plus petit qu'un rapport d'égalité, ce qui peut être démontré comme pour le rapport de plus grande inégalité.

30. Voir notre introduction, p. XXVIII-XXIX.

Mais on peut objecter contre cette conclusion de cette manière[31] : soit A égal à B, C plus grand et D plus petit. Alors, d'après la cinquième supposition, C a un plus grand rapport à B que A à B, et D un plus petit. Et le rapport de A à B est d'égalité, donc etc[32].

Contre la même conclusion : soient A et C égaux et que chacun d'eux soit le double de B. Alors, que soit interposé entre A et C, les deux extrêmes, le médian B qui a quelque rapport à chacun d'eux. D'après la deuxième supposition, le rapport de A à C est composé des rapports de A à B et de B à C, et le rapport de A à C est un rapport d'égalité. Donc tant le rapport double que le rapport sous-double sont plus petits que le rapport d'égalité[33].

Contre la même conclusion : soient A, B et C trois termes égaux. Alors, d'après la deuxième supposition, le rapport de A à C est composé des rapports de A à B et de B à C et ces rapports sont égaux. Donc celui-là est le double de chacun d'eux[34].

La même chose peut être établie à partir du livre V des *Éléments* d'Euclide : « lorsque trois quantités sont continûment proportionnelles, on dira que le rapport de la première à la troisième est le rapport de la première à la deuxième doublé »[35]. Or A, B, C sont trois quantités continûment proportionnelles. Donc le rapport de A à C est le rapport de A à B doublé. Donc un rapport d'égalité est le double d'un autre rapport d'égalité.

31. Pour une analyse de ces objections, voir notre introduction p. XXX-XXXI.

32. On a A = B, C > A et D < B. Donc (C : A) > (B : A). Or (C : A) est un rapport de plus grande inégalité et (B : A) un rapport d'égalité. De même, (D : B) < (A : B) et (D: B) est un rapport de plus petite inégalité.

33. On a (1 : 1) = (1 : 2)•(2 : 1). On en déduit que le rapport double et le rapport sous-double sont plus petits que le rapport d'égalité. Il faut comprendre ici que la composition est assimilée à une addition. Donc, puisque les deux parties d'une somme sont nécessairement plus petites que le tout, les deux rapports composés doivent être plus petit que le rapport total.

34. Prenons A = B = C = 1. On a (1 : 1) = (1 : 1)•(1 : 1). Donc, d'après la définition du double, (1 : 1) est le double de (1 : 1).

35. C'est la définition 10 dans la version de Campanus (*Elements*, vol. I, p. 168).

En réponse à la première objection, on doit dire qu'Euclide entend la cinquième supposition pour des quantités inégales comparées à une troisième selon le même genre de rapport, de sorte que chacune est comparée à celle-là selon un rapport de plus grande inégalité, ou chacune selon un rapport de plus petite inégalité[36].

En réponse à la deuxième objection, on doit dire que la deuxième supposition doit être comprise pour des extrêmes et un médian tels que le premier est différent du troisième et le médian différent de chacun d'eux[37].

La même remarque vaut pour la troisième objection.

En réponse à la quatrième objection, on doit dire qu'Euclide pense seulement à des quantités proportionnelles dans un rapport de plus grande inégalité[38].

Ainsi cesse toute objection.

Huitième conclusion : Aucun rapport de plus grande inégalité n'est plus grand ou plus petit qu'un rapport de plus petite inégalité.

On démontre cette conclusion, comme la précédente, par l'absurde. Un contradicteur arriverait à l'impossibilité suivante : quelque rapport de plus grande inégalité et quelque rapport de plus petite inégalité seraient égaux et par conséquent une chose plus grande qu'une chose et une autre chose plus petite que cette même chose seraient égales entre elles.

Ce qui précède suffit comme préliminaire mathématique.

36. Cette restriction ne se trouve pas dans le texte des *Éléments*, ni dans le commentaire de Campanus.

37. Même remarque que précédemment.

38. Même remarque que précédemment.

DEUXIÈME CHAPITRE

Ces préliminaires ayant été rapidement exposés, nous en arrivons à ce qui a été annoncé au début. D'abord, selon la coutume d'Aristote, nous rejetterons les opinions fausses afin de rendre la vérité plus claire.

Première partie du deuxième chapitre

Les opinions fausses qui concernent notre propos sont au nombre de quatre, dont la première pose que le rapport entre les rapidités dans les mouvements suit de l'excès de la puissance du moteur sur la puissance de la chose mue[1]. Elle tire son évidence du texte que l'on trouve au livre I du traité *Du ciel*, dans le chapitre sur l'infini : « Il est nécessaire que, proportionnellement, selon l'excès du moteur etc.[2] » ; des dires d'Averroès sur le livre IV de la *Physique*, commentaire 71, selon lesquels « tout mouvement est selon l'excès de la puissance du

1. La formulation de cette opinion est approximative. Il faut comprendre que le rapport entre les rapidités est issu du rapport entre les excès de la puissance motrice sur la puissance de la chose mue. C'est-à-dire que, si l'on a deux moteurs de puissances P_1 et P_2 tels que P_1 meut un mobile de résistance R_1 et P_2 un mobile de résistance R_2, le rapport entre les rapidités V_1 et V_2 de ces mouvements vaut le rapport $(P_1\text{-}R_1 : P_2\text{-}R_2)$.

2. Aristote, traité *Du ciel*, I, VI, 274a 7-9.

moteur sur la chose mue »[3]. Et dans le livre VII de la *Physique*, commentaire 35, il dit : « La rapidité propre de chaque mouvement suit de l'excès de la puissance du moteur sur la puissance de ce qui est mû[4] » ; dans le commentaire 39, c'est-à-dire dans le dernier, il dit : « la rapidité d'altération et la quantité du temps seront selon l'excès de la puissance de ce qui altère sur la puissance de ce qui est altéré »[5]. Et il soutient beaucoup d'autres choses semblables à de nombreux endroits.

Mais cette opinion peut être démolie de différentes manières. D'abord ainsi : selon cette théorie, il s'ensuit que, lorsqu'un certain moteur meut un certain mobile selon un certain espace et dans un certain temps, la moitié du moteur meut la moitié de ce qui est mû selon la moitié de l'excès. Par exemple, 4 excède 2 selon 2, et sa moitié (c'est-à-dire 2) meut sa moitié (c'est-à-dire l'unité) selon une unité seulement, qui est la moitié de l'excès précédent[6]. La fausseté du conséquent est claire d'après Aristote, à la fin du livre VII de la *Physique*, où il prouve cette conclusion : « si une certaine puissance meut un certain mobile selon un certain espace et dans un certain temps, la moitié mouvra la moitié selon un espace égal et dans un temps égal[7]. » Et le raisonnement d'Aristote est suffisamment probant ; en effet, la moitié est à la moitié selon le même rapport que le tout est au tout, donc les mouvements sont de même rapidité[8].

Deuxièmement : alors, il s'ensuit que, lorsque deux moteurs meuvent deux mobiles selon des espaces égaux et dans des

3. Citation littérale. Voir *Aristotelis opera cum Averrois commentariis, Quartum Volumen, Aristotelis de physico auditu libro octo, cum Averrois cordubensis variis in eosdem commentariis*, Venitiis, apud Junctas, 1562 (dorénavant cité : Averroès, *De physico auditu*), f° 162r (A).

4. Citation littérale, *Ibid.*, f° 335r (A).

5. Citation littérale, *Ibid.*, f° 337v (I).

6. Si un moteur de puissance 4 meut un mobile de résistance 2, sa rapidité sera de 2 (= 4-2). Et la moitié de la puissance, 2, meut la moitié du mobile de résistance 1 selon la rapidité 1 (= 2-1).

7. Aristote, *Physique*, VII, v, 250a 4-6.

8. Cette justification ne se trouve pas dans le texte d'Aristote, mais dans le commentaire d'Averroès du passage d'Aristote cité précédemment (*De physico auditu*, comm. 36, f° 335v (M)).

temps égaux, ces deux moteurs ensemble ne meuvent pas ces deux mobiles ensemble précisément selon un espace égal et dans un temps égal, mais toujours selon le double[9]. La conséquence est claire, puisque l'excès de ces deux moteurs ensemble sur ces deux mobiles ensemble est le double de l'excès de l'un de ces moteurs sur son mobile. Par exemple, n'importe quel 2 excède l'unité selon une unité, et deux 2 (qui font 4) excèdent deux unités (qui constituent la dualité) selon la dualité, qui est le double de l'excès de 2 sur l'unité. Et il en est ainsi pour tous les autres cas où les deux choses qui sont excédées sont surpassées de manière égale par les deux choses qui excèdent. La fausseté du conséquent est claire d'après Aristote, toujours au livre VII de la *Physique*, où il prouve cette conclusion : « si deux puissances meuvent séparément deux mobiles selon des espaces égaux et dans un temps égal, ces deux puissances ensemble mouvront ces deux mobiles ensemble selon un espace égal et dans un temps égal au précédent[10]. » Et le raisonnement d'Aristote est suffisamment probant, à savoir : « le moteur composé est au mobile composé proportionnellement comme le moteur simple au mobile simple[11]. »

Troisièmement : alors, d'une proportionnalité géométrique, c'est-à-dire de la similitude des rapports des moteurs à leurs mobiles, ne suit pas l'égalité des rapidités des mouvements, puisque les excès ne sont pas égaux. Quoique le rapport de 2 à 1 et celui de 6 à 3 soient les mêmes, cependant l'excès de l'un est l'unité et l'excès de l'autre est 3. Le conséquent auquel on aboutit est faux et en désaccord avec Aristote, au

9. Soit un premier moteur de puissance P_1 qui meut un premier mobile de résistance R_1, sa rapidité est $V = P_1\text{-}R_1$. Soit un second moteur de puissance P_2 qui meut un second mobile de résistance R_2 à la même rapidité que le premier moteur ($P_2\text{-}R_2 = V$). Les deux moteurs ensemble, de puissance P_1+P_2 meuvent les deux mobiles ensemble de résistance R_1+R_2 (Bradwardine suppose ici que les puissances et les résistances s'ajoutent) selon la rapidité $(P_1+P_2)\text{-}(R_1+R_2) = (P_1\text{-}R_1)+(P_2\text{-}R_2) = 2V$.

10. Citation littérale : voir Aristote, *Physique*, VII, v, 250a, 25-28.

11. Cette justification ne se trouve pas dans le texte d'Aristote, mais dans le commentaire d'Averroès du passage d'Aristote cité précédemment (*De physico auditu*, comm. 38, f° 337r (B)).

livre VII de la *Physique*, à la fin et en de nombreux endroits, où il conclut toujours l'égalité des rapidités dans les mouvements à partir de l'égalité des rapports des moteurs à leurs mobiles[12]. Et Averroès veut la même chose aux endroits cités plus haut, semblablement au livre IV de la *Physique*, commentaire 71[13], au premier livre du traité *Du ciel*, commentaire 63[14] et en de nombreux autres endroits.

Par ailleurs, on ne peut pas dire que, dans les endroits cités précédemment, Aristote et Averroès entendent par proportion ou analogie la proportionnalité arithmétique ou l'égalité des excès, comme le pensent certains. En effet, au livre VII de la *Physique*, Aristote prouve cette conclusion : si une certaine puissance meut un certain mobile selon un certain espace et dans un certain temps, la moitié du moteur mouvra la moitié du mobile selon un espace égal et dans un temps égal, puisque semblablement, selon l'analogie, comme la moitié du moteur est à la moitié du mobile, ainsi la totalité du moteur est à la totalité du mobile[15]. Or l'on sait que c'est faux pour la proportionnalité arithmétique, qui signifie l'égalité des excès, comme cela a été suffisamment démontré dans le premier argument contre cette opinion. Et Averroès dit au même endroit que le rapport sera le même, « comme le démontrent universellement les géomètres »[16]. Cela peut être démontré géométriquement de cette manière: comme la totalité du moteur est à

12. Voir Aristote, *Physique*, VII, v.

13. « Il est clair que la cause de la diversité et de l'égalité des mouvements est la diversité et l'égalité du rapport du moteur à la chose mue. C'est pourquoi, lorsque l'on a deux moteurs et deux choses mues et que le rapport de l'un des moteurs à l'une des choses mues est comme le rapport de l'autre moteur à l'autre chose mue, les deux mouvements seront égaux en rapidité. Et lorsque les rapports sont différents, les mouvements différeront selon ce rapport » (Averroès, *De physico auditu*, f° 160v (K) ; c'est moi qui traduis).

14. Voir *Aristotelis opera cum Averrois commentariis, Quintum volumen, Aristotelis De Coelo, De Generatione et Corruptione,...*, Venitiis, apud Junctas, 1562 (dorénavant cité: Averroès, *De coelo*), f°s 43v-44r.

15. Voir notes 7 et 8, p. 26.

16. Citation littérale: Averroès, *De physico auditu*, VII, comm. 36, f° 335v (L).

la moitié du moteur, ainsi la totalité du mobile est à la moitié du mobile. Donc, en permutant, d'après la septième supposition du premier chapitre, comme la totalité du moteur est à la totalité du mobile, ainsi la moitié du moteur est à la moitié du mobile, et c'est ce qui était à démontrer.

En outre, l'interprétation que l'on vient de citer ne peut pas être maintenue, puisque Aristote, au livre VII de la *Physique*, prouve cette conclusion: « si deux moteurs divisés meuvent deux mobiles selon des espaces égaux et dans un temps égal, ces deux moteurs ensemble mouvront ces deux mobiles ensemble selon un espace égal et un temps égal comme précédemment », à travers le même milieu; « en effet, le mouvement est analogue »[17]. Par « analogue » il entend proportionnel, mais non pas selon une proportionnalité arithmétique, puisque ce n'est pas selon l'égalité des excès qu'un moteur simple excède un mobile simple et qu'un moteur composé excède un mobile composé, comme cela est clair dans le deuxième argument contre cette opinion. Et Averroès prouve au même endroit que le rapport sera le même, mais que les excès ne seront pas égaux, d'après la première proposition du livre V des *Éléments* d'Euclide, qui dit: « si, pour des quantités quelconques et d'autres quantités en même nombre, on a des équimultiples qui sont chacun à chacun égaux ou également plus grands ou également plus petits, il est nécessaire que de même que l'une de ces quantités est à la quantité correspondante, de même la totalité obtenue à partir de la somme de celles-ci soit à toutes celles-là prises ensemble. »[18] C'est pourquoi l'interprétation précédente ne pourra pas être valable.

Quatrièmement: alors, il s'ensuivrait qu'un mixte ayant une résistance intrinsèque se mouvrait plus rapidement dans le plein que dans le vide[19].

Soit, en effet, A un corps mixte lourd possédant une puissance motrice et une puissance résistive. Qu'il descende de lui-même dans un certain milieu, B. Et soit C une quantité de terre pure ayant une puissance plus petite que l'excès de A sur toute

17. Voir note 10, p. 27.
18. Voir Campanus, *Elements*, vol. I, p. 177.
19. Voir notre introduction, p. XXXVIII.

sa résistance[20]. Alors, A aurait de lui-même un mouvement d'une certaine rapidité dans le vide. C'est pourquoi, que le milieu B soit raréfié jusqu'à ce que C se meuve dans B avec une rapidité égale à celle qu'aurait A dans le vide. Plaçons A dans ce milieu, avec C. A se mouvra plus rapidement que C, car il a un plus grand excès. Et C se meut dans ce milieu avec une rapidité égale à celle de A dans le vide. Donc A se meut plus rapidement dans ce milieu plein que dans le vide. Et il est évident que B peut être raréfié jusqu'à ce que C se meuve dans lui à la rapidité précédente, puisqu'un mouvement local peut être accéléré jusqu'à n'importe quelle rapidité donnée grâce à la raréfaction du milieu, comme cela est clair au livre IV de la *Physique*, dans le chapitre sur le vide, où l'on suppose que grâce à la raréfaction du milieu, le moteur restant le même, il est possible d'arriver à n'importe quelle rapidité donnée d'un mouvement local[21]. De là on conclut que si l'on suppose un mouvement local dans le vide, la même chose est mue localement à la même rapidité dans le vide que dans le plein.

Cinquièmement: alors, il s'ensuivrait que, si un moteur surpassait sa résistance par un excès plus petit que celui d'un autre moteur sur sa résistance, il se mouvrait plus lentement que lui. C'est pourquoi, que descende une grande quantité de terre ayant une certaine résistance qu'elle surpasse selon un grand excès et que descende une certaine quantité de terre d'une puissance plus petite que l'excès de la grande quantité de terre sur sa résistance. Que la grande quantité de terre et sa résistance restent constantes et que le milieu dans lequel est mue la petite quantité de terre se raréfie jusqu'à ce qu'elle se meuve à la même rapidité que la plus grande. Alors, la plus petite quantité de terre meut sa résistance à la même rapidité que la plus grande quantité meut la sienne, alors qu'elle la surpasse selon un excès plus petit.

Sixièmement: alors, il s'ensuivrait que si une quantité de terre pure est mue dans un certain milieu qu'elle surpasserait selon un rapport double ou un rapport plus grand, elle ne

20. C'est-à-dire l'excès de la puissance de A sur sa résistance.

21. Voir Averroès, *De physico auditu*, f°s 158r-162r.

pourrait pas être mue deux fois plus rapidement dans un autre milieu. En effet, elle ne pourrait pas surpasser quelque milieu selon un excès double, puisque le tout serait alors l'excès. Ainsi, le moteur restant le même, la rapidité du mouvement ne pourrait pas être augmentée à l'infini grâce à la raréfaction du milieu, ce qui est clairement faux d'après ce qui précède[22].

Septièmement: alors, il s'ensuivrait que si un moteur surpassait sa résistance selon un plus grand excès qu'un autre moteur la sienne, il se mouvrait plus rapidement que lui. Alors, si un homme robuste surpassait n'importe quel mobile selon un plus grand excès que l'excès selon lequel un moteur plus faible, comme un enfant ou une mouche ou quelque chose de ce genre, surpasserait son mobile, cet homme mouvrait aussi plus rapidement son mobile. Et puisque l'homme robuste surpasserait n'importe quel mobile qu'il pourrait mouvoir selon un plus grand excès que celui par lequel un moteur plus faible excèderait quelque mobile, il s'ensuivrait qu'un homme robuste mouvrait n'importe quel mobile qu'il pourrait mouvoir plus rapidement qu'un moteur plus faible mouvrait n'importe quel mobile qu'il pourrait mouvoir, alors que l'expérience nous apprend le contraire. Nous voyons, en effet, qu'une mouche qui doit porter quelque petit objet vole très rapidement, qu'un enfant meut assez rapidement un petit objet et qu'un homme robuste meut beaucoup plus lentement un grand mobile qu'il peut à peine mouvoir. Et même si l'on ajoute à ce mobile quelque chose de plus grand que ce que la mouche ou l'enfant peuvent mouvoir, le tout n'est pas mû beaucoup plus lentement qu'auparavant.

Par conséquent, cette conclusion négative est suffisamment bien établie à partir de tout cela: Le rapport entre les rapidités dans les mouvements ne suit pas de l'excès de la puissance motrice sur la puissance de la chose mue.

22. Soit P la puissance motrice de la portion de terre et R la résistance du milieu. On suppose que $P \geq 2R$. On appelle R' la résistance de l'autre milieu. On veut que la rapidité dans ce second milieu soit le double de la rapidité dans le premier milieu, c'est-à-dire que $P-R' = 2(P-R)$. Il faudrait donc que $R' = 2R-P$, ce qui est impossible puisque $P \geq 2R$.

Par ailleurs, il n'est pas difficile de répondre aux objections contre cette conclusion, puisque Aristote et le commentateur Averroès, quand ils disent que la rapidité dans le mouvement suit de la prévalence ou de l'excès de la puissance motrice sur la chose mue, ou quelque chose de ce genre, entendent par prévalence ou excès le rapport de plus grande inégalité par lequel la puissance motrice prévaut sur la puissance de la chose mue ou l'excède.

Deuxième partie du deuxième chapitre

On en vient à la deuxième opinion fausse qui pose que le rapport entre les rapidités dans les mouvements suit du rapport de l'excès de la puissance motrice sur la puissance de la chose mue[23]. Cette opinion trouve son fondement dans les dires d'Averroès au livre VII de la *Physique*, commentaire 36; il dit, en effet, à cet endroit, que « la rapidité du mouvement est selon le rapport de l'excès de la puissance motrice sur la puissance de la chose mue »[24].

Mais cette opinion doit être rejetée comme fausse. En effet, posons que l'excès de la puissance motrice sur la puissance de la chose mue soit égal à la puissance de la chose mue. Alors, aucun moteur ne peut mouvoir quelque mobile plus rapidement ou plus lentement que par ce mouvement, puisque, pour

23. Là encore, la formulation est très approximative. La réfutation qui suit nous conduit à interpréter cette opinion ainsi : la rapidité provient du rapport entre l'excès de la puissance motrice sur la résistance et la résistance. C'est-à-dire que, si on a un moteur de puissance P qui meut un mobile de résistance R, la rapidité V vaut le rapport (P-R : R). Dans la réfutation qui suit, Bradwardine considère le cas où P-R = R. Le rapport (P-R : R) est, par conséquent, le rapport d'égalité. Or, il a démontré plus haut qu'aucun rapport n'est plus grand ni plus petit que le rapport d'égalité. Il en déduit qu'il n'existe aucun mouvement qui soit plus rapide ou moins rapide que ce mouvement issu du rapport d'égalité.

24. Citation littérale : Averroès, *De physico auditu*, f° 335v(I).

aucun mouvement, le rapport de l'excès de sa puissance à la puissance de la chose mue ne peut être plus grand ou plus petit, comme cela est clair d'après la septième conclusion du premier chapitre.

Deuxièmement: le moteur meut d'abord le tout par toute sa puissance et non par l'excès de sa puissance, donc le mouvement et sa rapidité suivent d'abord et essentiellement de la relation ou du rapport de toute la puissance motrice à la puissance de ce qui est mû, et non du rapport de l'excès, si ce n'est accidentellement et dans un second temps.

Donc cette conclusion négative est claire: Le rapport entre les rapidités dans les mouvements ne suit pas du rapport de l'excès de la puissance motrice sur la puissance de la chose mue.

Et ce qui a été dit par Averroès peut être interprété, si on veut, de la même manière que l'ont été les autres autorités ajoutées en faveur de la première opinion.

Troisième partie du deuxième chapitre

On en vient à la troisième opinion fausse qui pose que le rapport entre les rapidités dans les mouvements, le moteur restant le même ou égal, suit du rapport entre les patients et, le patient restant le même ou égal, suit du rapport entre les moteurs.

Cette opinion trouve son fondement, quant à la première partie, en de nombreux endroits du texte d'Aristote. En effet, dans livre IV de la *Physique*, au chapitre sur le vide, dans le texte du commentaire 71, il dit: « Soit en effet B une certaine quantité d'eau et D une quantité d'air. Autant l'air est plus rare et plus incorporel que l'eau, autant A (c'est-à-dire le mobile) se mouvra plus rapidement à travers D qu'à travers B. C'est pourquoi la même relation (c'est-à-dire le même rapport) de la rapidité à la rapidité dépend de la manière dont l'air diffère de l'eau. Donc, si l'air est deux fois plus rare, le temps selon lequel il traversera B sera le double de celui selon lequel il traversera D.[25] » Et le texte qui suit suppose clairement que, le moteur restant le même et le milieu variant, le rapport entre les rapidités dans les mouvements suit du rapport entre les milieux, et aussi que le rapport entre les temps qui mesurent ces mouvements suit du rapport entre les milieux ; et inversement, c'est-à-dire qu'un temps plus grand correspond à un mouvement dans un milieu plus dense, et un temps plus petit correspond à un milieu plus rare.

Par ailleurs, dans le livre I du traité *Du ciel*, au chapitre sur l'infini, il dit : « En effet, on suppose que quelque chose pâtit plus ou moins dans plus ou moins de temps par le même (c'est-à-dire par le même agent), quelle que soit la manière dont cette chose est divisée proportionnellement dans le temps[26]. »

Et à la fin du livre VII de la *Physique*, Aristote veut que si une certaine puissance meut un certain mobile selon un certain espace et dans un certain temps, la même puissance mouvra la moitié de ce mobile selon un espace double dans un temps égal, et selon le même espace dans la moitié du temps[27].

Tout ceci est en faveur de la première partie de cette opinion seulement. En faveur de la deuxième partie de cette opinion : Aristote suppose, dans le livre IV de la *Physique*, au chapitre sur le vide, qu'un corps lourd et un corps léger de quantités différentes, si les autres conditions sont les mêmes, sont transportés selon des espaces égaux et dans le même milieu, plus ou moins rapidement selon le rapport de lourdeur et de légèreté des corps entre eux[28].

À la fin du livre VII de la *Physique*, Aristote veut, selon l'explication d'Averroès, que « si une certaine puissance meut un certain mobile selon un certain espace et dans un certain

25. Voir Averroès, *De physico auditu*, f° 158r. Voir aussi Aristote, *Physique*, IV, VIII, 215b 6-8.

26. Aristote, *Du ciel*, I, VII, 275a 32 - 275b 2.

27. Aristote, *Physique*, VII, V, 249b 30 - 250a 1-2.

28. Voir Aristote, *Physique*, IV, VIII, 216a 14-17 et le commentaire d'Averroès, *De physico audito*, f° 159r (A).

temps, une puissance double mouvra ce mobile selon un espace double dans un temps égal[29]. »

Vers la fin du livre VIII de la *Physique*, Aristote veut qu'une puissance motrice double d'une autre meuve le même mobile dans la moitié du temps durant lequel la puissance plus petite le meut; et plus généralement, il veut qu'une puissance motrice plus grande qu'une autre meuve le même mobile que la puissance plus petite meut, dans un temps plus petit proportionnellement selon l'inversion du rapport, c'est-à-dire que pour la puissance la plus grande, le temps devra être plus petit, et pour la plus petite, le temps devra être plus grand[30].

Aristote veut la même chose dans le livre I du traité *Du ciel*, au chapitre sur l'infini, où, en parlant des corps lourds qui doivent descendre selon des espaces égaux dans le même milieu, il dit: « L'analogie (c'est-à-dire le rapport) que les lourdeurs ont entre elles, les temps l'auront inversement. Par exemple, si on a une lourdeur moitié dans ce temps-ci, on a une lourdeur double dans la moitié de ce temps[31]. »

Dans le livre III du traité *Du ciel*, dans lequel Aristote prouve que tout corps mû de façon rectiligne a une gravité ou une légèreté, il suppose que des corps lourds inégaux en puissance traversent des espaces qui leur sont proportionnels, dans le même milieu et dans le même temps[32].

La même chose est claire d'après la première conclusion du *Traité des poids* qui dit: « Pour n'importe quels corps lourds, le rapport entre les rapidités dans la chute est le même que le rapport entre les poids pris dans le même ordre[33]. »

La même chose peut être démontrée par le raisonnement suivant: si un moteur est précisément d'une puissance dou-

29. Averroès, *De physico auditu*, VII, comm. 39, f° 337v(G).

30. Aristote, *Physique*, VIII, x, 266b 9-11 et 16-18.

31. Aristote, *Du ciel*, I, vi, 273b 31 - 274a 1.

32. Aristote, *Du ciel*, III, ii, 301b 11.

33. Voir la proposition 1 du *Traité sur les poids* de Jordanus dans Marshall Clagett and Ernst A. Moody, *The Medieval Science of Weights. Scientia de ponderibus. Treatises ascribed to Euclid, Archimedes, Thabit ibn Qurra, Jordanus de Nemore and Blasius of Parma*, Madison, University of Wisconsin Press, 1952, p. 154.

ble qu'un autre moteur, il peut mouvoir le même mobile précisément deux fois plus, ou un mobile double de la même manière. En effet, s'il est précisément d'une puissance double, il peut précisément produire le double, puisque, s'il pouvait produire plus que le double, il serait d'une puissance plus grande que le double et, s'il ne pouvait pas produire le double, mais moins seulement, il serait d'une puissance moindre que le double.

Tout cela est en faveur de la deuxième partie de cette position et on voit ainsi que cette position est fondée quant à chacune de ses parties.

Cette position doit cependant être réfutée de deux manières : d'abord en raison de ses insuffisances et ensuite en raison de la fausseté de la conséquence.

Elle est insuffisante, puisqu'elle ne donne pas d'information sur le rapport entre les rapidités dans les mouvements, si ce n'est dans ceux pour lesquels le moteur est le même ou égal, ou dans ceux où le mobile est le même ou égal ; elle ne dit absolument rien au sujet des mouvements où aussi bien les moteurs que les mobiles sont différents.

Et cette opinion doit être réfutée en raison de sa fausseté. En effet, une certaine puissance motrice peut mouvoir localement un certain mobile à une certaine lenteur, et elle peut le mouvoir deux fois plus lentement. Donc, d'après cette position, elle peut mouvoir un mobile double. Et elle peut le mouvoir quatre fois plus lentement, donc elle peut mouvoir un mobile quadruple, et ainsi de suite à l'infini. Ainsi, n'importe quelle puissance qui meut selon le lieu serait infinie.

Et on pourrait dire la même chose pour n'importe quel mobile. En effet, n'importe quel mobile peut être mû à une certaine lenteur, à une lenteur double, quadruple, et ainsi indéfiniment. Donc il peut être mû par un certain moteur, par un moteur deux fois moindre, quatre fois moindre, et ainsi de suite. Ainsi, n'importe quel mobile peut être mû par n'importe quel moteur.

En outre, il ne peut pas être dit que la lenteur d'un mouvement ne peut pas être doublée à l'infini, puisque, s'il en était ainsi, soit A la lenteur d'un mobile qui ne puisse pas être doublée. Alors, qu'une sphère ou qu'un corps cylindrique tourne autour de son axe au repos. Dans ce cas, une partie proche du pôle de la sphère ou de l'axe du corps cylindrique se meut à une lenteur double de A, comme cela est suffisamment connu et facilement démontré. Alors, lions à cette partie une corde solide et longue à l'extrémité de laquelle est attaché un certain poids, qui est B. La lenteur du mouvement de B est double de la lenteur A. Et c'est ce que nous voulions démontrer.

Et un sophiste ne peut pas dire que le mouvement de B est un mouvement par accident et en puissance seulement et que, par conséquent, il ne convient pas à ce qui est proposé. En effet, ce mouvement a un moteur en acte et un mouvement ou un mobile en acte, une extrémité en acte à laquelle il aboutit et une extrémité en acte à partir de laquelle il débute en acte, un temps en acte et un espace ou un lieu parcouru en acte. Donc c'est un mouvement en acte. Et il ne peut pas dire que le moteur n'est pas en acte mais en puissance, du fait qu'il s'agit d'une partie de la sphère ou du corps cylindrique et du fait qu'il mouvrait le tout d'abord et la partie ensuite. En effet, dans ce cas, si un homme tirait ce poids par la corde avec sa main, il le mouvrait par accident, puisque cela adviendrait au moyen d'une partie de l'homme. Ainsi, aucun mouvement ne serait extrinsèquement un mouvement par soi ou en acte, puisque aucun moteur extrinsèque ne peut en totalité, par soi, être appliqué à un mouvement, mais seulement selon une partie.

Troisièmement, cette position doit être réfutée pour sa fausseté, puisque l'expérience sensible montre l'inverse. Nous voyons en effet que, lorsqu'un homme meut un certain poids qu'il peut à peine mouvoir seul par un mouvement très lent, si un autre homme lui est adjoint, ces deux hommes le meuvent plus que deux fois plus rapidement.

Cela est manifestement clair pour un poids suspendu à un axe de révolution, qui se meut insensiblement par sa descente et fait tourner l'axe ou la roue par un mouvement insensible, comme cela arrive dans une horloge. Si on lui ajoute un même poids, le tout descendra et fera tourner l'axe ou la roue beaucoup plus que deux fois plus rapidement, comme on le constate suffisamment par les sens.

Et il arrive exactement la même chose pour la lenteur, la chose mue restant la même et le moteur diminuant, ou inversement.

Ainsi, cette conclusion négative est claire : Le rapport entre les rapidités dans les mouvements, le moteur restant le même ou égal, ne suit pas du rapport entre les patients ; et, le patient restant le même ou égal, il ne suit pas du rapport entre les moteurs.

En réponse aux raisons qui semblent fonder cette position, on doit dire que toutes les autorités voulant que, le moteur étant le même, le rapport entre les rapidités dans les mouvements suive du rapport entre les patients entendent qu'il suit du rapport des patients à leurs agents.

Par conséquent, en réponse à la première autorité, on doit dire qu'Aristote entend, dans le livre IV de la *Physique*, que plus le rapport de l'air à ce qui doit le diviser est, en raison de la plus grande rareté et incorporéité de l'air, plus petit que le rapport de l'eau à la même chose, plus la chose se mouvra plus rapidement dans l'air que dans l'eau. En effet, pour autant que le rapport de l'air à quelque chose est plus petit que le rapport de l'eau à la même chose, pour autant le rapport de la chose à l'air est plus grand qu'à l'eau. Or le rapport entre les rapidités dans les mouvements suit du rapport des choses qui meuvent aux choses mues, comme on le démontrera plus loin[34].

L'autre autorité citée doit être expliquée de la même manière. C'est celle du premier livre du traité *Du ciel*, qui dit : « En effet, à partir d'un même agent, on suppose que des choses pâtissent plus ou moins dans plus ou moins de temps, quelle que soit la manière dont ces choses sont divisées proportionnellement dans le temps », c'est-à-dire, quelle que soit la manière dont les rapports à ce même agent sont divisés proportionnellement dans le temps.

En outre, dans la conclusion citée à partir du livre VII de la *Physique*, qui dit que « si une certaine puissance meut un

34. Notons A l'air, B l'eau et C la chose qui se meut dans A et B. On a $(A : C) < (B : C)$ donc $(C : A) > (C : B)$. Or la rapidité de C dans A provient du rapport $(C : A)$ et la rapidité de C dans B provient du rapport $(C : B)$. Donc la rapidité dans A est plus grande que la rapidité dans B.

certain mobile selon un certain espace dans un certain temps, la même puissance mouvra la moitié de celui-ci selon un espace double et dans un temps égal », on entend par « moitié du mobile » la partie du mobile ayant à cette puissance motrice la moitié du rapport de la totalité du mobile à la même puissance. Et cela est bien clair d'après Averroès qui prouve à cet endroit la conclusion précédente de cette manière : « puisque nous avons divisé le mouvement (c'est-à-dire la chose mue), il arrive nécessairement que le rapport de la puissance motrice au mouvement (c'est-à-dire à la chose mue) soit double de ce rapport. » Cependant, cela serait faux si on ne l'entendait pas de la manière qui a été dite. En effet, bien qu'un tout ait quelque rapport à un autre tout, il ne s'ensuit pas qu'il a un rapport double du premier rapport à la moitié de celui-ci, comme on le montrera dans ce qui suit. Et d'après cela, l'explication des autres autorités est claire.

Quant à la conclusion citée à partir du *Traité des poids*, elle doit être comprise de la même manière : « pour n'importe quels corps lourds etc. », c'est-à-dire pour n'importe quels corps lourds, le rapport entre les rapidités de descentes et le rapport entre les rapports des poids à leurs résistances sont pris dans le même ordre. Et on doit comprendre cela lorsque la résistance est égale ici et là. Cependant, l'auteur ne pose pas les principes qui prouvent cette conclusion.

Toutefois, on peut objecter à l'explication précédente qu'aucun commentateur ne prouve cette conclusion selon cette interprétation, mais selon cette autre interprétation que cette opinion soutient, à savoir qu'il n'y a aucun rapport ni aucun excès de la puissance motrice à la puissance résistive et que les termes de cette conclusion le montrent bien.

Mais on doit dire qu'aucun des commentateurs que nous connaissons ne prouve cette conclusion selon l'interprétation précédente, ni selon aucune autre. En effet, un des commentateurs prend deux poids inégaux et deux lignes inégales représentant leurs descentes, et il prend d'abord, comme hypothèse contraire, que le rapport du plus grand poids au plus petit est plus grand que le rapport de la plus grande ligne à la plus petite. De là il démontre que le rapport du plus petit poids au plus grand est plus petit que le rapport de la plus petite ligne à la plus grande. D'où il conclut que le rapport entre les poids est plus petit que le rapport entre les descentes, alors qu'il a posé le contraire. Mais cela n'est pas contradictoire. En effet, il avait d'abord été donné que le rapport du plus grand poids au plus petit est plus grand que le rapport de la plus grande descente à la plus petite et de là il n'est pas contradictoire, mais il s'ensuit que, par inversion, le rapport du plus petit poids au plus grand est plus petit que le rapport de la plus petite descente ou ligne à la plus grande.

Un autre commentateur prend, de la même manière que le premier, deux poids inégaux et leurs descentes inégales, et il ajoute au plus petit poids un autre poids de sorte que le composé des deux soit égal au plus grand. Il suppose que la descente du poids ajouté, lorsqu'elle est ajoutée à la plus petite descente, est égale à la plus grande descente, dans un temps égal au temps des premières descentes. Or ceci n'a pas été prouvé auparavant, ce n'est pas connu par soi, ni par déduction, et ce n'est pas vrai universellement, mais c'est faux plutôt que vrai dans de nombreux cas, comme on le verra dans ce qui suit. Or il conclut à partir de cette supposition que le rapport du plus grand poids au poids ajouté est plus petit que celui de la plus grande descente à la descente de ce poids ajouté, alors qu'il affirme qu'il a posé le contraire. Mais ce n'est pas ainsi, puisqu'il n'avait pas posé au départ, de manière universelle : « pour n'importe quels poids inégaux, le rapport du plus grand au plus petit est plus grand que le rapport entre leurs descentes prises dans le même ordre », mais il avait supposé, de manière ponctuelle : « pour ces deux poids pris auparavant et leurs descentes ». Par conséquent, le fait que, pour d'autres poids inégaux quelconques, le rapport du plus grand au plus petit est plus petit que le rapport entre leurs descentes, prises dans le même ordre, n'est pas en contradiction avec cela. En effet, pour certains poids inégaux, le rapport du plus grand au plus petit est égal à celui qui est entre leurs descentes prises dans le même ordre, pour certains il est plus grand et pour certains il est plus petit, comme cela sera clairement démontré dans ce qui suit.

En réponse à l'argument qui est le plus répandu chez les auteurs, on doit dire que la première conséquence n'est pas valable[35]. Mais le principe causal ajouté à la preuve de celle-ci est vrai, puisqu'une puissance double de la plus petite puissance peut toujours mouvoir un mobile double du mobile mû par la plus petite puissance selon un espace égal et dans un temps égal. Mais de là il ne suit pas que la plus grande puissance peut mouvoir le plus petit mobile deux fois plus rapidement, mais il s'ensuit plutôt qu'elle peut mouvoir ce mobile à une rapidité d'autant plus grande qu'elle est selon le rapport d'une résistance double à la rapidité précédente et qu'elle requiert une puissance double. Et cette rapidité sera parfois précisément double de la rapidité précédente, parfois plus grande que le double, parfois plus petite, comme cela sera clair d'après ce qui suit.

Quatrième partie du deuxième chapitre

La quatrième opinion pose qu'il n'y a aucun rapport ni aucun excès de la puissance motrice à la puissance résistive. Par conséquent, le rapport entre les rapidités dans les mouvements ne suit pas de quelque rapport ni de quelque excès de la puissance motrice à la puissance du mobile, mais de quelque domination ou relation naturelle du moteur au mobile.

Cette position trouve son fondement dans l'autorité d'Averroès, au livre VIII de la *Physique*, commentaire 79, où, dans la solution de la même conclusion, il dit: « une puissance non corporelle n'est pas dite finie ni infinie, puisque le fini et l'infini se disent seulement des corps » et, de plus, « une puissance incorporelle ne peut pas être dite plus grande qu'une autre, puisque le plus et le moins sont le propre de la quantité »[36]. Par ailleurs, les puissances séparées des corps ne sont pas proportionnelles et elles n'ont pas entre elles de rapport, puisque

35. Il s'agit de l'argument selon lequel une puissance double meut un même mobile deux fois plus rapidement. Voir notre introduction, p. XLV.

36. Averroès, *De physico auditu*, f° 427r (E-F).

le rapport est le propre d'une grandeur relativement à une grandeur. On voit qu'il s'ensuit qu'aucune puissance motrice n'est finie ou infinie, qu'elle n'est ni plus grande, ni plus petite et qu'elle n'est d'aucune manière proportionnelle à la puissance de la chose mue, puisque toute puissance motrice n'est pas un corps, mais une forme étendue dans le corps ou séparée du corps.

Cette position et les dires d'Averroès pourront être confirmés par la définition du rapport. Tout d'abord, le rapport est la comparaison de choses de même genre, comme cela est clair d'après la définition du rapport donnée au premier chapitre. Mais la puissance active et la puissance passive ne sont pas de même genre, comme on le voit.

Ensuite, si la puissance active et la puissance passive avaient entre elles un rapport, alors elles seraient comparables. Elles seraient donc de la même espèce dernière. Ainsi, elles seraient sujets ou substances de la même espèce dernière. Le conséquent est faux, puisque la puissance est divisée en active et passive, comme un genre en différences contraires. La conséquence est claire d'après Aristote, vers la fin du livre VII de la *Physique*, où il veut que toutes les choses qui doivent être comparées entre elles, aussi bien le sujet ou la substance de la comparaison que ce avec quoi il y a comparaison, seront de la même espèce individuelle et n'auront aucune différence[37].

Enfin, s'il existait quelque rapport de la puissance motrice à la puissance de la chose mue, ce serait un rapport de plus grande inégalité, puisque la puissance motrice devrait excéder la puissance de la chose mue. Et du fait que tout ce qui excède autre chose et divisé en ce qui surpasse et en ce qui est surpassé, comme cela est clair au livre IV de la *Physique*, dans le chapitre sur le vide[38], il s'ensuit que n'importe quelle puissance motrice peut être divisée de cette manière. Or ceci est faux, puisque toutes les puissances motrices incorporelles sont absolument indivisibles et qu'une puissance corporelle est plus petite, selon l'extension, que la puissance de la chose mue. Et

37. Aristote *Physique*, VII, IV.
38. Aristote, *Physique*, IV, VIII, 215b 15-16.

l'on ne peut pas dire qu'Aristote ne parle ici que d'excès au sens propre, qui n'existe que dans les quantités, puisqu'il parle de l'excès de ce qui est subtil à ce qui est subtil. De même, dans le premier livre de la *Rhétorique* d'Aristote, au chapitre VII, où il discute d'un bien plus grand et d'une plus grande utilité, il est écrit: « Alors, que la chose qui surpasse soit assurément autant ou plus que la chose excédée qui est en elle[39] » ; ce qui est dit par Aristote n'est pas seulement vrai de l'excès au sens propre.

Toutefois, cette position pourra être réfutée ainsi: s'il n'y avait pas de rapport entre les puissances, du fait que ce ne sont pas des quantités, pour la même raison, il n'y en aurait pas entre les sons. Alors, les variations mélodiques de toute la musique disparaîtraient. En effet, l'*epogdous* ou le ton consiste dans le rapport sesquioctave, le *diatessaron* dans le rapport sesquitièrce, le *diapente* dans le rapport sesquialtère, le *diapason*, qui est composé du *diatessaron* et du *diapente*, dans le rapport double, le *diapason* composé avec le *diapente* dans le rapport triple et deux fois le *diapason* est fondé dans le rapport quadruple, comme cela est suffisamment clair d'après différents endroits de *La Musique*[40].

En outre, Averroès, dans livre VII de la *Physique*, aux commentaires 36 et 38[41], prouve quelques conclusions au sujet du rapport entre les rapidités dans les mouvements à partir de quelques conclusions géométriques, comme cela apparaît dans le troisième argument contre la première opinion. Et dans le livre I du traité *Du ciel*, au commentaire 65, il prouve cette conclusion dans le texte: « Aucun infini ne peut mouvoir un fini »[42], en posant, comme hypothèse contraire, que l'infini peut mouvoir un fini dans un temps fini et qu'un agent fini peut, dans le même temps, mouvoir une partie de ce patient fini. Puis, il prend un moteur fini qui est au premier moteur fini choisi comme la totalité du patient fini est à sa partie. Alors,

39. Aristote, *Rhétorique*, I, VII, 1363b 7-9.

40. Voir Boèce, *Traité de la Musique*.

41. Averroès, *De physico auditu*, f°s 335v-336r et 336v-337r.

42. Averroès, *De coelo*, lib. I, comm. 65, f° 46ra (A).

il démontre, en permutant, c'est-à-dire par la définition 12 du livre V des *Éléments* d'Euclide[43], que le plus grand moteur fini est à la totalité du patient comme le plus petit moteur fini à la partie. De là il conclut que le plus grand moteur fini meut la totalité du patient dans un temps égal à celui durant lequel le plus petit moteur fini meut la partie et l'agent infini meut cette totalité.

Enfin, selon cette position et la vérité des choses, la puissance motrice domine la puissance de la chose mue. Et selon Averroès, en de nombreux endroits, la puissance motrice excède la puissance de la chose mue et le moteur est d'une plus grande puissance que la chose mue. Alors, comme elle domine, qu'elle excède et qu'elle est d'une plus grande puissance, il convient que ce soit selon un certain rapport pris au sens propre ou au sens commun. Par ailleurs, Aristote et Averroès supposent, en de nombreux endroits, qu'il y a quelque rapport de la puissance motrice à la puissance de la chose mue.

Ainsi, cette conclusion positive est claire : On trouve un rapport entre n'importe quelle puissance motrice et la puissance résistive de la chose mue.

Les premiers arguments donnés en faveur de cette opinion sont facilement réfutés grâce à la définition du rapport donnée préalablement dans le premier chapitre. En effet, entre la puissance motrice et la puissance résistive on ne trouve pas un rapport au sens propre, mais au sens commun.

L'autre argument à propos de la comparaison est réfuté grâce à une distinction semblable sur la comparaison. L'autorité convoquée entend la comparaison au sens le plus propre et non pas au sens commun. En effet, il est connu que la comparaison est selon le genre, comme « plus vertueux », ou « plus savant », et d'autres choses semblables ; ou elle est selon le genre le plus général, car la forme est plus substance que matière, ou est composée des

43. « Lorsque des quantités sont dans un seul rapport, l'antécédent au conséquent et l'antécédent au conséquent, […], par permutation, comme l'antécédent est à l'antécédent, ainsi aussi le conséquent est au conséquent » (Campanus, *Elements*, vol. I, p. 171).

deux ; elle est aussi dans ce qui est transcendant[44] à tout genre, puisque la substance est plus étant que ne l'est l'accident.

En ce qui concerne le dernier argument, on doit dire qu'il est exact que l'on trouve un rapport et un excès entre la puissance motrice et la puissance de la chose mue, si l'on parle selon le sens commun.

Et à l'autorité disant que tout ce qui excède est divisé en ce qui excède et en ce qui est excédé, on doit répondre que comme ce qui excède se dit en deux sens, diviser en ce qui excède et en ce qui est excédé se dit aussi en deux sens, c'est-à-dire selon le sens commun ou selon le sens propre. Ainsi, tout ce qui excède au sens propre est divisé de cette manière au sens propre. Mais ce qui excède selon le sens commun est divisé de cette manière : tout ce qui excède selon le sens commun, considéré en tant qu'il excède, peut être diminué ou réduit jusqu'à être semblable ou égal à ce qu'il excède ; ainsi, on peut considérer toute la latitude par laquelle il excède et la similitude ou l'égalité qui est contenue, virtuellement ou en puissance, dans ce qu'il excède. Ou bien de cette manière : tout ce qui excède autre chose est divisé selon le sens commun en ce qui excède et en ce qui est excédé, il est vrai, non pas par soi, mais par comparaison à quelque chose qui est extérieure, comme l'action, la passion ou la résistance ; ainsi, la puissance motrice, la puissance de ce qui est mû et la résistance peuvent être comparées entre elles, de toutes les manières, selon ce qui excède et ce qui est excédé. Par conséquent, si on prend une puissance motrice égale à une puissance résistive, la même puissance motrice est le double de la moitié de cette puissance résistive, non pas du fait que le double peut mouvoir, mais parce que le double de celle-ci a précisément autant de pouvoir de résistance que cette puissance motrice de pouvoir de mouvement. Et pour tout autre rapport du moteur à la chose mue, on doit poser la même chose en tenant compte de la proportion.

On dit donc que cette opinion est fausse, comme les précédentes.

44. Les Latins utilisent le terme « transcendens » pour désigner les transcendentaux.

TROISIÈME CHAPITRE

Première partie du troisième chapitre

Ces nuages d'ignorance ayant été dissipés par le souffle des démonstrations, la lumière de la science et de la vérité peut resplendir. Et la science véritable pose une cinquième opinion disant que le rapport entre les rapidités dans les mouvements suit du rapport de la puissance du moteur à la puissance de la chose mue.

C'est ce que veut Averroès, au livre IV de la *Physique*, dans le commentaire 71, lorsqu'il dit : « Universellement, il est clair que la cause de la diversité et de l'égalité des mouvements est la diversité et l'égalité du rapport du moteur à la chose mue. C'est pourquoi, lorsque l'on a deux moteurs et deux choses mues et que le rapport de l'un des moteurs à l'une des choses mues est comme le rapport de l'autre moteur à l'autre chose mue, les deux mouvements seront égaux en rapidité. Et lorsque les rapports sont différents, les mouvements différeront selon ce rapport[1]. » Plus bas, au même endroit : « La diversité des mouvements dans la rapidité et dans la lenteur est selon ce rapport qui est entre les deux puissances »[2], c'est-à-dire motrice et résistive.

Dans le deuxième livre du traité *Du ciel*, au commentaire 36, il dit : « En effet, la rapidité et la lenteur n'existent pas, si ce n'est selon le rapport de la puissance motrice à la puissance de

1. Averroès, *De physico auditu*, f° 162r(A).
2. *Ibid.*

la chose mue. Donc le mouvement sera d'autant plus rapide que le rapport est grand et le mouvement sera d'autant plus lent que le rapport est plus petit[3]. »

Dans le livre VII de la *Physique*, au commentaire 35, à partir de la duplication du rapport de la puissance motrice à la chose mue, il infère la duplication de la rapidité dans le mouvement, en disant : « Puisque nous avons divisé le mouvement, il advient nécessairement que le rapport de la puissance motrice à la chose mue est le double de ce rapport et, ainsi, la rapidité est le double de cette rapidité[4]. »

Plus loin, dans le dernier commentaire, il dit : « Ces deux (c'est-à-dire la rapidité d'altération et la quantité de temps) suivent du rapport entre ce qui altère et ce qui est altéré. Donc, si le rapport est grand, la rapidité sera grande et le temps bref, et inversement[5]. »

De plus, Aristote et Averroès, comme cela est clair dans le troisième argument contre la première opinion, veulent, en de nombreux endroits, que de l'égalité du rapport du moteur à la chose mue suive l'égalité de la rapidité des mouvements. Donc l'égalité du rapport des moteurs aux choses mues est la cause telle que, si elle est posée, est posée une égalité de la rapidité des mouvements, et telle que, si elle ne se trouve pas posée, n'est pas posée cette égalité. Donc l'égalité du rapport des moteurs aux choses mues est la cause première et précise de l'égalité des rapidités dans les mouvements. C'est pourquoi, de la variation de cette cause suit immédiatement la variation du rapport dans les mouvements.

Enfin, on ne voit pas quelle opinion pourrait raisonnablement préserver le rapport entre les rapidités dans les mouvements, si ce n'est l'une de celles qui ont été exposées. Mais les quatre premières ont été réfutées. Donc il ne reste que la cinquième qui soit vraie.

Ainsi, cette conclusion est claire : Le rapport entre les rapidités dans les mouvements suit du rapport des puissances

3. Averroès, *De coelo*, f° 119vb(L).
4. Averroès, *De physico auditu*, f° 335r(B).
5. *Ibid.*, comm. 39, f° 337v(I).

motrices aux puissances résistives, et inversement. Ou, en d'autres termes, le sens restant le même : les rapports des puissances motrices aux puissances résistives et les rapidités dans les mouvements sont proportionnels dans le même ordre, et de même inversement. Et on doit comprendre ici qu'il s'agit d'une proportionnalité géométrique.

Deuxième conclusion : Si le rapport de la puissance motrice à la puissance de la chose mue est le rapport double, la puissance motrice doublée mouvra la même chose mue précisément deux fois plus rapidement[6].

On prouve cette conclusion en la montrant de manière directe. En effet, soit A une puissance motrice double de B, la puissance résistive, et soit C une puissance motrice double de A. Alors, d'après la première conclusion du premier chapitre, le rapport de C à B est précisément le double du rapport de A à B[7]. Donc, d'après la conclusion précédente, C mouvra B précisément avec une rapidité double de celle avec laquelle A mouvait B. Et c'est ce qui a été proposé.

Troisième conclusion : Si le rapport de la puissance motrice à la puissance de la chose mue est le rapport double, la même puissance mouvra la moitié de cette chose mue avec une rapidité précisément doublée.

On démontrera cette conclusion par un argument semblable à la précédente.

Quatrième conclusion : Si le rapport de la puissance motrice à la puissance de la chose mue est plus grand que le rapport double, la puissance motrice étant doublée, le mouvement n'atteindra jamais une rapidité double.

On prouve cela en le montrant de manière directe à l'aide de la quatrième conclusion du premier chapitre et de la première conclusion du troisième chapitre.

Cinquième conclusion : Si le rapport de la puissance motrice à la puissance de la chose mue est plus grand que le rapport double, la même puissance mouvant la moitié de cette même chose mue, la rapidité du mouvement ne sera jamais double.

6. Pour les conclusions 2 à 7, voir notre introduction, p. XLVII.
7. C'est-à-dire que $(C : B) = (A : B)^2$.

On prouve cela en le montrant de manière directe grâce à la troisième conclusion du premier chapitre et de la première conclusion du troisième chapitre.

Sixième conclusion : Si le rapport de la puissance motrice à la puissance de la chose mue est plus petit que le rapport double, une puissance double mouvant la même chose mue, le mouvement n'ira jamais au delà d'une rapidité double.

On obtiendra facilement cette conclusion à l'aide de la sixième conclusion du premier chapitre et de la première conclusion du troisième chapitre.

Septième conclusion : Si le rapport de la puissance motrice à la puissance de la chose mue est plus petit que le rapport double, la même puissance mouvant la moitié de cette chose mue, le mouvement n'ira pas au delà d'une rapidité double.

Cela sera clair grâce à la cinquième conclusion du premier chapitre et de la première conclusion du troisième chapitre.

Huitième conclusion[8] : Il ne suit aucun mouvement d'un rapport d'égalité ou de plus petite inégalité du moteur à la chose mue[9].

On démontre cette conclusion grâce à la première conclusion du troisième chapitre, des septième et huitième conclusions du premier chapitre, auxquelles on ajoute cette supposition, connue par soi : « Tous les mouvements de même espèce peuvent être comparés entre eux selon la rapidité ou la lenteur. »

Neuvième conclusion : Tout mouvement est produit à partir d'un rapport de plus grande inégalité et un mouvement peut être obtenu à partir de tout rapport de plus grande inégalité.

La première partie de cette conclusion sera claire d'après les première et huitième conclusions du troisième chapitre, auxquelles on ajoute la supposition précédente. La seconde partie provient du fait que tout excès du moteur sur la chose mue suffit à produire un mouvement, comme on le démontrera en un autre endroit.

8. Les conclusions 8 à 12 ne sont pas numérotées dans le texte.
9. Voir notre introduction, p. XXIX-XXX.

Dixième conclusion : N'importe quel mouvement étant donné, on peut trouver un mouvement deux fois plus rapide et un mouvement deux fois plus lent.

On démontre cela à l'aide de la première conclusion du troisième chapitre et de la seconde partie de la neuvième conclusion de celui-ci, auxquelles on ajoute cette supposition, connue par soi : « Un rapport de plus grande inégalité d'un moteur à une chose mue peut être doublé ou divisé par deux à l'infini. »

Onzième conclusion : N'importe quel corps lourd peut descendre plus rapidement ou plus lentement qu'un autre, dans le même milieu, ou avec une rapidité égale[10].

En effet, soit A un corps lourd mixte composé de lourd et de léger et ayant un poids quelconque, et soit B un corps lourd simple ayant un poids aussi petit qu'on le souhaite. Que l'on raréfie le milieu jusqu'à ce que B ait à lui un rapport égal au rapport de la lourdeur de A à sa légèreté, ou plus grand. Plaçons les deux corps dans ce milieu. Alors, la lourdeur de A a un rapport plus petit à la somme de sa résistance intrinsèque et extrinsèque que B à sa résistance. Donc, d'après la première conclusion du troisième chapitre, A se meut plus lentement que B[11].

Puis, inversement, que l'on condense le milieu jusqu'à ce que le rapport de B à lui soit plus petit que le rapport de la lourdeur de A à la somme de sa résistance intrinsèque et extrinsèque. Alors, d'après la première conclusion de ce chapitre, A se meut plus rapidement que B.

Troisièmement, que le milieu soit tel que le rapport de B à lui soit égal au rapport de la lourdeur de A à sa résistance intrinsèque et extrinsèque. Alors, d'après la première conclusion de ce chapitre, A et B se mouvront à la même rapidité.

Ou bien, ainsi : que A ait de lui-même, dans le vide, un mouvement d'une certaine rapidité, C. Que l'on raréfie le

10. Voir notre introduction, p. LI.

11. La puissance résistive de A est composée de la résistance interne de A (sa légèreté qui contrecarre le mouvement naturel du corps vers le bas) et de la résistance du milieu. Voir notre introduction, p. LII.

milieu jusqu'à ce que B descende dans ce milieu à la rapidité C, ou plus. A, posé dans le même milieu, descend alors plus lentement que B. Enfin, que l'on condense le milieu comme il convient et on aura les deux autres conclusions.

De là il est clair que n'importe quelle rapidité ou lenteur d'un corps lourd simple quelconque et n'importe quelle lenteur d'un corps lourd mixte quelconque peuvent être doublées à l'infini par la raréfaction ou la condensation du milieu. De plus, n'importe quelle rapidité d'un corps lourd mixte quelconque peut être doublée par la raréfaction du milieu. Ce corollaire est suffisamment établi à partir de ce qui précède.

Douzième conclusion: Tous les corps mixtes de composition semblable se mouvront à des rapidités égales dans le vide.

En effet, dans de tels corps, les moteurs sont proportionnels à leurs résistances. Donc, d'après la première conclusion de ce chapitre, de tels corps se mouvront à des rapidités égales.

De là on sait aussi que si deux corps lourds mixtes inégaux, de compositions semblables, sont suspendus à l'équilibre dans le vide, le plus lourd descendra.

En effet, soient A et B deux tels corps lourds, A étant le plus lourd et B le moins lourd. Soit C la lourdeur de A et D, semblablement, sa légèreté. Soit E la lourdeur de B et F sa légèreté. C, D, E, F sont donc quatre termes proportionnels, C étant le plus grand et F le plus petit. Alors, d'après la huitième supposition du premier chapitre, C et F pris ensemble excèdent D et E pris ensemble. Or C et F sont utiles pour élever B et D et E résistent seulement. Donc, d'après la seconde partie de la neuvième conclusion de ce chapitre, B monte et A descend.

Deuxième partie du troisième chapitre

Dans la deuxième partie de ce chapitre, il nous reste maintenant à approfondir la discussion au sujet de quelques-unes des choses qui viennent d'être dites.

Premièrement, contre cette position et contre la première conclusion de ce chapitre sont tous les arguments qui ont été avancés en faveur des autres opinions qui ont été exposées auparavant et que l'on peut ici passer sous silence, puisque l'on en a déjà suffisamment parlé plus haut.

Deuxièmement, de cette position il semble que s'ensuivent trois inconvénients, à savoir que d'un rapport d'égalité des moteurs aux mobiles suit parfois l'inégalité des rapidités dans les mouvements, que d'un rapport d'un moteur à son mobile plus petit que celui d'un autre au sien suit parfois une rapidité égale dans les mouvements, ou parfois une rapidité plus grande[12].

En effet, soient A et B deux morceaux inégaux de terre pure, A étant le plus grand et B le plus petit. Soient C et D deux morceaux d'air uniformes et inégaux, proportionnels à A et B, C étant le plus grand et D le plus petit. Que A, par sa descente, divise C et que B divise D. Alors, ou bien ces divisions sont égales selon le temps, ou bien non. Si oui, alors A divise et se meut plus rapidement que B. En effet, il parcourt un espace plus grand dans un temps égal. Ainsi, on a le premier inconvénient.

Puis, le rapport de B à D restant le même, que le rapport de A à C soit diminué jusqu'à ce que A se meuve aussi rapidement que B. Alors, on a le deuxième inconvénient.

Enfin, que, au contraire, on augmente un peu le rapport de A à C, mais pas jusqu'à l'égalité avec le rapport de B à D. Alors, A divise et se meut plus rapidement que dans le deuxième cas. Donc il se meut plus rapidement que B. Ainsi, on a le troisième inconvénient.

Or on doit dire que, dans le premier cas, ces divisions totales ne sont pas égales selon le temps, mais que A et B, en raison de l'égalité des rapports à leurs mobiles, se meuvent à la même rapidité. Donc, pendant que B divise la totalité de D, A divise une partie de C égale à D.

On peut alors objecter contre l'argument: soit E cette partie, A se meut alors à travers E aussi rapidement que B à travers D.

12. Voir notre introduction, p. XLII.

Donc, d'après la seconde partie de la première conclusion de ce chapitre, le rapport de A à E et égal au rapport de B à D. Par conséquent, il est égal au rapport de A à C, puisqu'ils sont égaux par hypothèse. Mais ceci est faux. En effet, C est plus grand que E, donc, d'après la cinquième supposition du premier chapitre, quelle que soit la troisième chose qui lui est comparée, elle a un rapport plus grand à E et un plus petit à C.

Concernant le même argument, dans le premier livre du traité *Du ciel*, au chapitre sur l'infini, où sont prouvées les deux conclusions, « l'infini ne peut pas être mû par un fini » et « l'infini ne peut pas mouvoir un fini »[13], le texte suppose que, si des agents sont proportionnels à leurs patients, ils les mouvront en totalité selon des mouvements semblables et dans des temps égaux. Et le texte parle ici du mouvement d'altération. En effet, Averroès, au même endroit, dans le commentaire 63[14], dit expressément que si des agents sont proportionnels à leurs patients selon un rapport égal ou un autre rapport, les actions de ces agents et les patients qui leur correspondent sont proportionnels dans des temps égaux. C'est pourquoi, pour la même raison que dans l'exemple proposé, lorsque A et B sont des agents proportionnels à leurs patients, ils les mouvront en totalité dans des temps égaux. Et selon les dires d'Averroès, leurs actions sont proportionnelles aux agents. Donc l'action de A excède l'action de B dans le rapport selon lequel A excède B. Par conséquent, ces actions ne sont pas égales.

En réponse à la première de ces objections, on doit dire qu'il n'y a pas d'inconvénient à ce qu'une même chose ait le même rapport qualitativement, c'est-à-dire selon la capacité d'agir, au tout et à la partie, mais que quantitativement ce ne soit pas le cas. En effet, bien que le tout et la partie soient inégaux en quantité, ils peuvent cependant être égaux en qualité de résistance. Par conséquent, de la même manière qu'ils ne diffèrent pas en qualité de résistance, mais en quantité, de même les mouvements à travers des milieux ne diffèrent pas non plus selon la qualité du mouvement, qui est la rapidité

13. Aristote, *Du ciel*, I, VII, 274b 30 - 275a 1.
14. Averroès, *De coelo*, f° 44ra (B).

et la lenteur, mais selon la quantité du mouvement, qui est la longueur ou la brièveté du temps.

Contre la seconde objection, on doit dire que des agents peuvent être proportionnels à leurs patients qualitativement, c'est-à-dire selon la capacité d'agir, et de cette proportionnalité suit l'égalité des mouvements qualitativement, c'est-à-dire selon la rapidité ou la lenteur ; ou quantitativement, pour autant que l'agent agit sur son patient selon toute sa quantité, et d'une telle proportionnalité suit l'égalité des mouvements de manière correspondante, c'est-à-dire quantitativement, à savoir selon la longueur ou la brièveté temporelle du mouvement. Et c'est ainsi que les autorités citées doivent être interprétées.

On peut de nouveau objecter contre cet argument : dans ce cas, aucune partie d'air n'est, dans un mouvement de division, d'une résistance au mouvement égale absolument à celle qu'aurait un morceau de terre, alors qu'une partie d'air peut être d'une plus grande résistance et une autre d'une résistance plus petite. En effet, si l'une est égale à l'autre, soit A la partie d'air égale à la partie de terre B. Alors, A n'est pas égale à B quantitativement, ni lui est plus petite, puisque B serait dans ce cas d'une plus grande résistance absolument que A. Et A n'est pas plus grande que B. Sinon, en effet, deux puissances de division totalement égales quant à leur capacité de diviser étant appliquées ensemble, l'une à A (et que ce soit C) et l'autre à B (et que ce soit D), A et B seront divisées avec la même célérité[15], puisque les agents sont totalement égaux quant à leur capacité et les patients également. Donc C divise et se meut plus rapidement que D ; en effet, il parcourt un espace plus grand dans un temps égal[16]. D'où A est d'une résistance plus petite que B, ce que l'on sait facilement d'après ce qui a été dit précédemment. Et on ne peut pas dire : puisque D divise B, C divise une partie de A égale à B, de sorte que C et D se meuvent

15. C'est-à-dire dans le même temps.

16. C et D parcourent A et B dans le même temps, mais A est plus grand que B, donc C parcourt plus d'espace que D, donc il se meut plus rapidement.

à une rapidité égale. En effet, dans ce cas, la partie d'air et la partie de terre seraient égales en quantité, et la totalité de A et sa partie seraient de résistances égales absolument, ce qui n'est pas conforme à la vérité.

On doit répondre qu'être de résistances égales se comprend de trois manières, à savoir qualitativement, quantitativement et selon l'un et l'autre de ces modes. Par ailleurs, qualitativement se dit de trois manières, à savoir intrinsèquement, extrinsèquement et selon l'un et l'autre de ces modes, et, dans ce dernier cas, l'égalité entre les résistances des choses est absolue. Sont dites de résistances égales intrinsèquement celles qui, relativement à la densité, la rareté et les autres conditions intrinsèques, sont également faciles à mouvoir. Sont dites de résistances égales extrinsèquement celles qui, par des aides extérieures, sont également résistantes ; en effet, certaines choses résistent par quelque chose hors d'elles-mêmes. Par conséquent, il est plus difficile de diviser ou d'altérer une partie qui est dans le tout que séparée du tout.

Si nous appliquons cela à ce qui a été proposé, nous dirons qu'une partie d'air et une partie de terre sont de résistances égales quantitativement, mais non pas qualitativement intrinsèquement. Cependant, elles sont de résistances égales qualitativement extrinsèquement seulement, ou intrinsèquement et extrinsèquement ensemble. Alors, de telles parties peuvent avoir des capacités égales d'être divisées. Et elles sont divisées selon des rapidités semblables, mais pas nécessairement en des temps égaux. Ainsi, la partie d'air et la partie de terre peuvent être égales quantitativement, et le tout et la partie peuvent être d'une résistance égale.

Troisièmement, on objecte contre notre position de cette manière[17] : alors un aimant attirerait plus rapidement un petit morceau de fer qu'un plus grand ; en effet, il aurait un plus grand rapport relativement à lui. Cependant, ceci est faux. En effet, que se meuve un aimant accroché à un morceau de fer,

17. Pour cette série d'objections concernant la théorie des aimants, voir notre article « Magnetism and the theory of movement in fourteenth and fifteenth century treatises », à paraître.

qui peut se mouvoir avec lui avec la même rapidité que l'aimant se meut lui-même, et que cette rapidité soit A[18]. Puis, ce morceau de fer étant enlevé, appliquons, de manière semblable, un morceau de fer plus petit à ce même aimant qui se meut ainsi. Alors, ce morceau de fer sera mû à la rapidité A; en effet, il ne devance pas l'aimant et il n'en sera pas séparé. Et on ne peut pas dire que le petit morceau de fer se mouvrait plus rapidement, s'il n'était pas empêché par l'aimant, car il tendrait alors à en être séparé. En effet, posons maintenant ce morceau de fer sur le côté de l'aimant ou au milieu de l'aimant perforé. Selon la théorie de ce chapitre, il serait séparé de l'aimant, et s'il en est séparé, il reviendrait vers lui.

On doit dire en accord avec Averroès, au livre VII de la *Physique*, commentaire 10, que l'aimant n'attire pas le morceau de fer, mais puisque le morceau de fer reçoit une certaine disposition de la part de l'aimant, il se meut de lui-même vers lui[19].

Contre l'argument: un même aimant, dans des temps égaux, peut, par cette altération, altérer davantage un petit morceau de fer qu'un grand. Donc le petit morceau de fer se mouvra plus rapidement que le plus grand dans le cas précédent. Or on sait que c'est faux d'après ce qui a été dit.

Cependant, on doit répondre que cela ne s'ensuit pas, puisqu'un morceau de fer dans une telle disposition ne se meut pas selon le maximum de sa puissance. En effet, s'il est peu distant de l'aimant, il se mouvra plus rapidement vers lui qu'il se meut attaché à lui, car, grâce à la disposition causée dans le morceau de fer par l'aimant, le morceau de fer tend seulement à être attaché à lui. Par conséquent, que cette disposition soit plus forte ou qu'elle soit plus faible, que le morceau

18. En d'autres termes, l'aimant, qui est le moteur, entraîne le morceau de fer à la rapidité A.

19. Averroès, *De physico auditu*, f° 315r (E) : « Le fer ne se meut pas vers l'aimant si ce n'est parce qu'il reçoit quelque qualité de la part de l'aimant. Par conséquent, quand on frotte l'aimant avec de l'ail, il perd sa vertu. En effet, le fer n'acquiert pas de la pierre dans cette disposition la qualité par laquelle il est conduit à se mouvoir de lui-même vers la pierre ».

de fer ait été attaché à l'aimant au repos ou en mouvement avec lui, s'il le peut, il se tient à lui.

Examinons maintenant un fait que l'homme du commun jugera étonnant, à savoir qu'il est aussi facile de lever un aimant avec un morceau de fer accroché à l'aimant – qu'il soit posé au-dessus ou au-dessous, ou qu'il y soit inclus – que l'aimant seul, sans le morceau de fer. En effet, le fer ne résiste pas à l'élévation de l'aimant et l'aimant, en s'élevant, n'élève pas le fer, mais le fer se meut de lui-même avec l'aimant. Et pour cette raison, il est aussi clair qu'un aimant en équilibre attaché à un morceau de fer et le même aimant sans le morceau de fer pèseront autant.

Contre la seconde partie de la neuvième conclusion de ce chapitre, on objecte que, d'après la première partie de cette conclusion, un rapport d'un moteur à un mobile suffirait à provoquer le mouvement, de même qu'un rapport deux fois plus petit et ainsi de suite[20]. Donc un rapport du moteur au mobile égal au rapport sous-double et un autre rapport plus petit que lui suffiraient à provoquer le mouvement. C'est pourquoi, quelque chose qui est excédé par quelque chose dans le rapport double ou dans un rapport plus grand quelconque pourrait mouvoir cette chose, ce que la théorie de ce chapitre n'admet pas.

Contre la même partie : si un rapport d'un moteur à un mobile, son sous-double, et ainsi de suite à l'infini, étaient suffisants pour mouvoir, alors, quand il existe un tel rapport du moteur au mobile, le double de ce rapport, et ainsi de suite à l'infini, ce moteur pourrait mouvoir ce mobile. En effet, le rapport du moteur au mobile est d'autant plus petit que le rapport du mobile au moteur est plus grand. Donc, quand il existe un rapport double entre le mobile et le moteur, ou un rapport plus grand quelconque, on pourrait avoir un mouvement, ce que la huitième conclusion de ce chapitre refuse.

En faveur de cela, on doit dire que le rapport de plus grande inégalité peut être diminué et divisé par deux à l'infini et cependant ne jamais atteindre le rapport d'égalité, ni arriver

20. Voir notre introduction, p. XLV.

à l'égalité avec n'importe quel rapport de plus petite inégalité. Et au sujet de l'addition et de la duplication du rapport de plus petite inégalité, on doit dire la même chose : en effet, il ne peut pas être augmenté jusqu'à atteindre l'égalité avec le rapport d'égalité, ni avec quelque rapport de plus grande inégalité, comme cela apparaît clairement d'après les septième et huitième conclusions du premier chapitre. Ainsi, les conséquences données précédemment doivent être niées.

Ces réponses à de telles objections suffisent pour le moment. Ce sont, en effet, les arguments les plus évidents contre les conclusions données auparavant.

QUATRIÈME CHAPITRE

Première partie du quatrième chapitre

À partir de l'énoncé général du rapport entre les rapidités dans les mouvements en comparaison aux puissances motrices et aux puissances des choses mues, il reste à démontrer des énoncés particuliers concernant le rapport entre les rapidités dans les mouvements locaux circulaires en comparaison aux quantités du mouvement et aux espaces parcourus[1]. Tout d'abord, il convient de commencer par donner quelques définitions et suppositions et, à partir d'elles, de montrer quelques conclusions que l'on trouve rarement chez les autres auteurs.

Les définitions sont les suivantes :

Le carré est une figure surfacique plane équilatère et rectangle, comme cela est clair d'après le premier livre des *Éléments* d'Euclide[2].

Les surfaces semblables sont celles dont les angles de l'une sont égaux aux angles de l'autre et dont les côtés contenant les angles égaux se trouvent être proportionnels, comme cela est clair d'après le sixième livre des *Éléments* d'Euclide[3].

1. Voir notre introduction, p. XLVIII.

2. Définition 30 du livre I : « Parmi les figures quadrilatères, l'une est le carré, qui est équilatère et rectangle » (Campanus, *Elements*, vol. I, p. 79).

3. Définition 1 du livre VI : « Des surfaces sont dites semblables, lorsque les angles de l'une sont égaux aux angles de l'autre et que les côtés contenant les angles égaux sont proportionnels » (Campanus, *Elements*, vol. I, p. 203).

Un quadrangle est une figure surfacique plane rectangle dont seuls les côtés opposés sont égaux, comme cela peut être posé à partir du premier livre des *Éléments* d'Euclide[4].

Les suppositions sont les suivantes :

Tous les angles droits sont égaux entre eux, comme cela est clair d'après le premier livre des *Éléments* d'Euclide[5].

Pour deux surfaces multiangles semblables quelconques, le rapport de l'une à l'autre est comme le rapport doublé de n'importe quel côté de l'une au côté correspondant de l'autre, comme cela est clair d'après la proposition 18 du livre VI des *Éléments* d'Euclide[6].

Pour deux cercles quelconques, le rapport de l'un à l'autre est comme le rapport du carré du diamètre de l'un au carré du diamètre de l'autre. Et c'est la proposition 2 du livre XII des *Éléments* d'Euclide[7].

Pour deux cercles quelconques, leurs circonférences sont proportionnelles à leurs diamètres. Et c'est la conclusion 5 du traité *Sur les surfaces courbes*[8].

Pour deux sphères quelconques, le rapport de l'une à l'autre est le rapport triplé du diamètre de l'une au diamètre de l'autre. Et c'est la dernière proposition du livre XII des *Éléments* d'Euclide[9].

4. Définition 31 du livre I : « Une autre est oblongue (*tetragonus longus*) qui est une figure rectangle mais n'est pas équilatère » (Campanus, *Elements*, vol. I, p. 80).

5. C'est textuellement le troisième postulat du livre I (Campanus, *Elements*, vol. I, p. 58).

6. Proposition 18 du livre VI : « Deux surfaces semblables multiangles quelconques sont divisibles en triangles semblables en nombre égal, et le rapport de l'une à l'autre est comme le rapport doublé de n'importe quel côté de l'une au côté correspondant de l'autre » (Campanus, *Elements*, vol. I, p. 215).

7. Proposition 2 du livre XII : « Pour deux cercles quelconques, le rapport de l'un à l'autre est comme le rapport du carré de son diamètre au carré du diamètre de l'autre » (Campanus, *Elements*, vol. I, p. 431).

8. Il s'agit textuellement de la proposition 3 ; voir l'édition de Marshall Clagett, « Archimedes, *De curvis superficiebus* », *Osiris* 11 (1954), p. 295-358.

9. C'est textuellement la proposition 15 du livre XII dans l'édition de Campanus (*Elements*, vol. I, p. 435).

La surface de n'importe quelle sphère est égale au quadrangle qui est contenu par les lignes égales au diamètre de la sphère et à la circonférence du plus grand cercle. Et c'est la conclusion 8 du traité *Sur les surfaces courbes* d'Archimède[10].

Pour deux cercles quelconques, le rapport de l'un à l'autre est le rapport doublé du diamètre de l'un au diamètre de l'autre.

Soient deux cercles A et B sur les diamètres desquels sont construits deux carrés. On démontrera que ces carrés sont semblables, d'après la première définition, la première supposition, la définition des choses proportionnelles et la deuxième définition. De là et de la deuxième supposition, on montre que le rapport de l'un de ces carrés à l'autre est le rapport doublé du côté de l'un d'entre eux au côté de l'autre. Puis de là et de la troisième supposition de ce chapitre et de la quatrième supposition du premier chapitre, on déduit le résultat.

Pour deux cercles quelconques, le rapport de l'un à l'autre est le rapport doublé de leurs circonférences prises dans le même ordre. On démontrera facilement cette conclusion à partir de la précédente, avec l'aide de la quatrième supposition ajoutée à la quatrième supposition du premier chapitre.

Pour deux sphères quelconques, on démontre que leur rapport est le rapport triplé des circonférences de leurs plus grands cercles prises dans le même ordre. Cette conclusion suit manifestement des cinquième et quatrième suppositions de ce chapitre, avec l'aide de la quatrième supposition du premier chapitre.

Pour deux sphères quelconques, on montre que le rapport de la surface de l'une à la surface de l'autre est le rapport doublé du diamètre de l'une au diamètre de l'autre.

Soient deux sphères A et B. Prenons deux quadrangles contenus par des lignes égales, d'une part, à leurs diamètres et, d'autre part, aux circonférences de leurs plus grands cercles. On déduit clairement la similitude de ces quadrangles à l'aide de la troisième définition, des première et quatrième suppositions,

10. Il s'agit textuellement de la proposition 6; voir l'édition de M. Clagett, art. cit., p. 315. Rappelons que contrairement à ce que croyaient les médiévaux, ce traité n'est pas d'Archimède mais est vraisemblablement l'œuvre de Jean de Tinemue (voir *Ibid.*, p. 296).

ainsi que de la définition des choses proportionnelles et de la deuxième définition de ce chapitre. De là et de la deuxième supposition de ce chapitre, ainsi que de la quatrième supposition du premier chapitre, on démontre ce qui a été proposé.

Pour deux sphères quelconques, on démontre que le rapport de la surface de l'une à la surface de l'autre a, relativement au rapport de la circonférence du plus grand cercle de l'une à la circonférence du plus grand cercle de l'autre, le rapport double. On déduit clairement cette conclusion à partir de la conclusion précédente, de la quatrième supposition de ce chapitre et de la quatrième supposition du premier chapitre.

On montre que le rapport entre deux sphères quelconques a, relativement au rapport de leurs surfaces prises dans le même ordre, le rapport sesquialtère.

Soient deux sphères A et B. Soit C le rapport de A à B, soit D le rapport de la surface de A à la surface de B et soit E le rapport du diamètre de A au diamètre de B. Alors, d'après la quatrième conclusion de ce chapitre, D est le double de E. Donc D contient précisément deux fois E. Et d'après la cinquième supposition, C est le triple de E. Donc C contient précisément trois fois E. Donc C contient D une seule fois et sa moitié. Donc, d'après la définition du rapport sesquialtère, C est sesquialtère de D. Et c'est ce que nous voulions démontrer[11].

Deuxième partie du quatrième chapitre

À propos du rapport entre les rapidités dans les mouvements, en comparaison à l'espace, on voit que différents auteurs ont différentes opinions[12]. En effet, pour certains, il semble que

11. Notons V_1 le volume de la première sphère et V_2 le volume de la seconde, S_1 et S_2 leurs surfaces, d_1 et d_2 leurs diamètres. On a $(S_1 : S_2) = (d_1 : d_2)^2$ et $(V_1 : V_2) = (d_1 : d_2)^3$. Donc par définition des parties d'un rapport, $(V_1 : V_2)$ est trois demis de $(S_1 : S_2)$. En termes modernes : $(V_1 : V_2) = (S_1 : S_2)^{3/2}$.

12. Voir notre introduction, p. XLIX.

le rapport entre les mouvements locaux quant à la rapidité est comme celui des espaces occupés par les corps et décrits dans le même temps. Ce que l'on réfute facilement puisque, alors, n'importe quel corps en mouvement se mouvrait deux fois plus rapidement que sa moitié. De même, si la totalité d'un corps traversait en une heure un espace d'un pied de longueur occupé par le corps et la moitié du corps traversait en une heure l'espace d'une longueur double occupé par le corps, les deux se mouvraient à la même rapidité. Enfin, le mouvement d'un point ou d'une ligne ne pourrait pas être comparé, quant à la rapidité, au mouvement d'un corps, puisqu'il n'y a pas de relation, selon la quantité, entre les espaces décrits par eux.

D'autres posent que le rapport entre les mouvements locaux quant à la rapidité est comme le rapport entre les surfaces décrites dans le même temps. Et cette position peut être réfutée comme la première.

Mais l'auteur du traité *Sur la proportionnalité des mouvements et des grandeurs,* beaucoup plus malin que les précédents, pose que, pour des lignes droites égales qui se meuvent dans des temps égaux, celle qui traverse une surface plus grande et vers de plus grands termes se meut plus rapidement, celle qui traverse une surface plus petite vers de plus petits termes se meut plus lentement, et celle qui traverse une surface égale et vers des termes égaux, il suppose qu'elle se meut aussi rapidement[13]. Et il entend par « termes plus grands » le cas où les termes auxquels aboutit le mouvement sont plus distants des termes à partir desquels il débute.

On voit que cette position est en quelque sorte contraire à la raison. En effet, selon elle, n'importe quelle partie du rayon d'un cercle qui tourne ne se terminant pas au centre

13. Bradwardine fait ici référence au traité de Gérard de Bruxelles. Axiome 4 : « Parmi les lignes droites mues en des temps égaux, celle qui traverse un espace plus grand vers des termes plus grands se meut plus, et celle qui traverse un espace plus petit vers des termes plus petits se meut moins » (Pierre Duhem, *Études sur Leonard de Vinci. Troisième série. Les précurseurs parisiens de Galilée,* Paris, A. Hermann et fils, 1913, p. 292-293 ; c'est moi qui traduis).

et la totalité du rayon se mouvraient aussi rapidement que le point médian du rayon, comme le dit la première conclusion de ce chapitre, et, par conséquent, elles se mouvraient plus lentement que le point extrême du rayon. Alors, le cercle de l'équinoxe se mouvrait plus rapidement, selon un rapport sesquitièrce, que son diamètre, comme le demande la première conclusion du deuxième chapitre. Et pour cette raison, le rayon du cercle de l'équinoxe ne se mouvrait pas plus rapidement, ni plus lentement, ni aussi rapidement qu'un mobile dont aucun point ne serait au repos. En effet, il ne traverserait pas un certain espace vers certains termes, mais vers un terme unique, puisque l'un des termes du rayon ne se meut pas.

Par conséquent, on voit qu'il est plus raisonnable de dire que la rapidité du mouvement local dépend de la rapidité du point mû le plus rapidement dans le corps mû localement, puisque la rapidité du mouvement provient de ce que le mobile traverse un grand espace, qui est au repos, dans peu de temps, que cet espace soit ou bien réel, ou bien imaginaire. Ou bien, encore, la rapidité du mouvement consiste en ce que le mobile traverse un grand espace fixe dans peu de temps, ou le traverserait s'il s'y trouvait placé. Et ceci doit être compris pour la plus haute sphère[14], qui, dans sa convexité, ne décrit aucun espace.

Cet espace, de la grandeur duquel dépend la rapidité du mouvement local, n'est pas corporel ni superficiel, comme on l'a prouvé précédemment. Il est donc linéaire. Et puisque la rapidité du mouvement local ne dépend pas du plus petit espace, ni de l'espace moyen traversé, mais du plus grand, alors on pose ces deux principes :

Pour n'importe quel mouvement local, la rapidité est prise selon le plus grand espace linéaire décrit par un point de ce qui est mû.

Pour deux mouvements locaux quelconques, les rapidités et les plus grandes lignes décrites par deux points des deux mobiles dans le même temps sont proportionnelles dans le même ordre.

14. Il s'agit de la sphère des étoiles fixes.

Et on ajoute ce troisième principe aux deux premiers: parmi les cercles qui sont dans la sphère, celui qui passe par le centre de la sphère est plus grand que les autres. Et cela est clair d'après la sixième proposition du livre I du traité *Sur les sphériques* de Théodose[15].

À l'aide de ce principe et des précédents, nous démontrerons des conclusions opposées à certaines conclusions de cet auteur, mais pour de nombreuses conclusions que nous démontrerons de manière plus brève et plus aisée, nous sommes en accord avec lui.

Pour deux points quelconques décrivant uniformément et dans le même temps des circonférences de cercles, on obtient que le rapport entre les rapidités est comme le rapport entre les diamètres de ces cercles. En effet, d'après les première et deuxième suppositions de cette partie, la rapidité de ces mouvements et les circonférences décrites par eux sont proportionnelles. Donc, à l'aide de la quatrième supposition de cette partie et de la définition des choses proportionnelles, nous conclurons ce qui a été proposé.

Pour deux diamètres ou deux rayons quelconques décrivant uniformément des cercles dans le même temps, le rapport entre les rapidités est comme le rapport entre ces diamètres ou ces rayons.

On démontrera la première partie de cette conclusion grâce à la première supposition de cette partie et à la conclusion précédente. Et pour la seconde partie, on démontre semblablement que le rapport entre les diamètres est le même que celui qui est entre les rayons, ce que l'on sait facilement d'après le premier chapitre.

On montrera que deux circonférences de cercles quelconques tournant uniformément dans le même temps – ou bien sur elles-mêmes, ou bien en parcourant les surfaces des sphères, ou bien l'une sur elle-même et l'autre à travers toute la surface de la sphère – sont proportionnelles à leurs rapidités.

15. Voir *Les Sphériques de Théodose de Tripoli*, traduction, introduction et notes de Paul Ver Eecke, Paris, Blanchard, 1959, p. 7.

En effet, certaines circonférences de cercles peuvent se mouvoir sur elles-mêmes, comme la circonférence de l'équinoxe, et certaines décrivent toute la surface de la sphère, comme la circonférence de la terre. On démontrera la première partie de cette conclusion grâce aux première et deuxième suppositions de cette partie. Et la deuxième partie de cette conclusion est claire d'après la première supposition à laquelle on ajoute que, pour une circonférence décrivant la surface d'une sphère, le point terminant le diamètre de ce mouvement – diamètre qui coupe orthogonalement le diamètre de la circonférence, qui est au repos – décrit un cercle plus grand qu'un autre point de la même circonférence. Et cela peut être démontré à l'aide de la troisième supposition de cette partie. La première et la deuxième parties de cette conclusion étant démontrées, la troisième apparaîtra facilement.

Le rapport entre deux cercles quelconques tournant uniformément dans le même temps, ou bien sur eux-mêmes, ou bien en décrivant des sphères, ou bien l'un d'une manière et l'autre de l'autre manière, est le rapport doublé entre les rapidités dans les mouvements.

On obtient la première partie de cette conclusion grâce aux première et deuxième suppositions de cette partie, avec l'aide de la deuxième conclusion de la première partie de ce chapitre et de la quatrième supposition du premier chapitre. On démontre la deuxième partie semblablement, en supposant que pour un cercle décrivant une sphère, le point terminant le diamètre mû – diamètre qui coupe orthogonalement le diamètre de la circonférence, qui est au repos – décrit un cercle plus grand qu'un autre point de ce même cercle. Ce que l'on sait démontrer à partir des trois suppositions de ce chapitre. Et ces deux parties étant démontrées, la troisième ne peut pas rester obscure.

Le rapport entre deux surfaces quelconques de sphères tournant uniformément autour de leurs axes immobiles dans le même temps est le rapport doublé entre les rapidités dans les mouvements.

On déduit clairement cette conclusion des première et deuxième suppositions de cette partie, de la cinquième conclusion de la première partie de ce chapitre et de la quatrième supposition du premier chapitre, auxquelles on ajoute la troisième supposition de cette partie.

Le rapport entre deux sphères quelconques tournant uniformément autour de leurs pôles immobiles dans le même temps est le rapport triplé entre les rapidités dans les mouvements.

Cette conclusion apparaît indubitablement à partir de la première supposition, des troisième et deuxième suppositions de cette partie et de la troisième conclusion de ce chapitre, auxquelles on ajoute la quatrième supposition du premier chapitre.

Troisième partie du quatrième chapitre

Puisque, à partir de ce qui a été dit et sans avoir à supposer beaucoup d'autres vérités, on peut connaître facilement le rapport des éléments entre eux et, puisque ce savoir est pleinement en accord avec la philosophie naturelle, mais qu'il est resté ignoré jusqu'à maintenant, nous lèverons son secret, même si ce n'est pas très pertinent pour le propos présent.

Les vérités qui doivent être posées sont les suivantes :

Les quatre éléments sont liés selon une proportionnalité continue.

La première supposition est claire d'après le deuxième livre du traité *Du ciel*, à partir du texte du commentaire 32, qui dit que l'eau a un certain rapport à la terre et parle en outre des distances entre les éléments[16]. Et au livre III du traité *Du ciel*, dans le commentaire 47, il est dit : « Ils ont proportionnellement des grandeurs qui sont celles de parties semblables »[17],

16. Voir Averroès, *De coelo*, f°s 115v-116r.

17. Averroès, *De coelo*, f° 211rb (F) : « si les corps simples que sont l'eau, le feu, l'air et la terre, ont été composés à partir de parties indivisibles, il est nécessaire que chaque partie de n'importe lequel d'entre eux, qui est engendrée par quelque partie d'un autre, lui soit égale en grandeur et en quantité, ni plus grande, ni plus petite. Par exemple, puisqu'une partie

c'est-à-dire les éléments entre eux, comme cela est suffisamment clair dans le texte d'Averroès.

Les quatre éléments occupent ou bien doivent occuper, naturellement, toute la sphère des corruptibles.

Le rayon de toute la sphère des corruptibles contient trente-trois fois le rayon de la sphère de la terre et la moitié de sa moitié et sa vingtième partie.

Cela est clair d'après al-Farghānī, dans la *Différence* 21, où il veut que la plus petite distance de la lune à la terre soit dans le rapport précédent au rayon de la terre[18]. Ce à quoi Thābit ibn Qurra, dans ses *Préambules à l'Almageste*[19], s'accorde pour ce qui est de l'entier, les fractions étant enlevées. Toutefois, ces auteurs s'y réfèrent, mais ne le prouvent pas. Cependant, la preuve de ce résultat est certaine d'après le livre V de l'*Almageste* de Ptolémée et le livre V du traité de Thābit.

Le rapport entre les diamètres en entier est le même que le rapport entre leurs moitiés. En effet, comme un diamètre est à sa moitié, ainsi est l'autre diamètre à sa moitié ; donc on a le résultat en permutant. C'est pourquoi le diamètre de toute la sphère des corruptibles contient le diamètre de la sphère de la terre trente-trois fois, les fractions n'étant pas comptées.

Que le diamètre de la terre soit alors comme l'unité et le diamètre de toute la sphère des corruptibles comme 33. Puis, prenons un autre terme qui soit trente-trois fois 33, c'est-à-dire 1089, auquel on adjoint un terme trente-trois fois plus grand, c'est-à-dire 35937. Ces quatre termes sont continûment proportionnels. Alors, d'après la deuxième conclusion du premier chapitre, le rapport du premier (le plus grand) au dernier (le

d'air est obtenue à partir d'une partie d'eau, il est nécessaire que la partie d'air soit égale à la partie d'eau, et semblablement pour les autres. »

18. Voir *Alfragani astronomorum peritissimi compendium, ..., Ioanne Hispalensi interprete,* Parisiis, ex officina Christiani Wecheli, p. 80-81 ; ou Francis J. Carmody, *Alfragani Differentie in quibusdam collectis scientie astrorum,* Berkeley-California, 1943, p. 38.

19. Voir dans Francis J. Carmody, *The Astronomical Works of Thabit b. Qurra,* Berkeley, Los Angeles, University of California Press, 1960, le texte intitulé *Liber Thebit Benchorath de hiis que indigent expositione antequam legatur Almagesti,* p. 137.

plus petit) est le triple du rapport du troisième au dernier. Donc, d'après la cinquième supposition de la première partie de ce chapitre, toute la sphère des corruptibles contient 35937 fois la sphère de la terre. Par conséquent, ceci est le rapport entre les quatre termes continûment proportionnels, c'est-à-dire entre les quatre éléments, pris ensemble, au plus petit[20].

Entre les éléments, nous cherchons alors quatre termes continûment proportionnels, dont le rapport simple soit connu et qui, pris ensemble, ont le rapport précédent au plus petit d'entre eux. Alors, ce rapport simple et connu sera le rapport cherché entre les éléments. En effet, il ne peut pas être plus grand ni plus petit, ce dont, si quelqu'un le contredisait, on se persuaderait facilement d'après ce qui a été dit. Soient donc quatre termes continûment proportionnels, à savoir 1, 32, 1024, 32768, qui, pris ensemble, font 33825. Ces termes composés ont au plus petit des termes un rapport plus petit que celui de toute la sphère des corruptibles à la sphère de la terre. Donc le rapport de 32 à 1 est plus petit que le rapport de l'eau à la terre.

De nouveau, prenons quatre autres termes continûment proportionnels, à savoir 1, 33, 1089, 35937, qui, pris ensemble, forment 37060. Ces termes ainsi rassemblés ont au plus petit d'entre eux un rapport plus grand que celui de toute la sphère des corruptibles à la sphère de la terre. Donc le rapport de 33 à 1 est plus grand que le rapport de l'un des éléments à celui qui lui est le plus proche inférieurement.

Et même si nous comptions avec les fractions d'al-Farghānī, nous n'excéderions jamais le rapport précédent entre les éléments par des entiers. En effet, prenons quatre termes continûment proportionnels dans le rapport du diamètre ou du rayon de toute la sphère des corruptibles au diamètre ou au rayon de la sphère de la terre, selon la théorie d'al-Farghānī. Alors le plus grand d'entre eux contiendra le plus petit 36926 fois et 296 de ces 8000èmes parties. C'est donc le véritable rapport des quatre éléments pris ensemble à l'élément simple de la sphère de la terre, comme cela est clair d'après ce qui a été dit.

20. Pour l'ensemble des calculs présentés ici, voir notre introduction, p. LIX.

Or ce rapport est plus petit que le rapport de 37060 à 1. Donc, les fractions d'al-Farghānī étant comptées, le rapport de l'élément le plus grand à celui qui lui est inférieur et le plus proche est un peu plus petit que le rapport de 33 à 1. C'est pourquoi, selon l'ensemble de cette théorie, cette conclusion est claire : Le rapport de n'importe quel élément à celui qui lui est inférieur et le plus proche est plus grand que le rapport de 32 à 1 et plus petit que celui de 33 à 1, et c'est ce que nous voulions montrer.

Le rapport de la sphère du feu à la sphère composée des trois éléments restants est plus grand que le rapport de 31 à 1. En effet, d'après la conclusion précédente, n'importe quel élément plus grand contient trente-deux fois celui qui lui est inférieur et le plus proche. Donc, à l'instar des quatre éléments, que soient disposés ces quatre termes continûment proportionnels dans le rapport susdit, 1, 32, 1024 et 32768, qui, si les trois premiers sont agrégés en un seul, feront 1057, ce qui représente la sphère composée des éléments inférieurs. Et si le quatrième terme, qui représente le feu, est divisé par cette somme, on aura 31 et il restera une unité à diviser. Donc le quatrième terme contiendra la somme susdite trente et une fois et un peu plus. Et c'est ce que nous cherchions à démontrer.

Avec la même manière de procéder on peut trouver le rapport entre n'importe lequel ou n'importe lesquels des éléments et n'importe lequel ou n'importe lesquels d'entre eux.

La distance de la surface extérieure de l'air au centre de la terre contient le rayon de la sphère de la terre plus que dix fois et moins que onze fois. En effet, la distance de la surface extérieure de l'air au centre de la terre est la moitié du diamètre de la sphère composée des trois éléments inférieurs. Que cette sphère soit A. Cette moitié contient le rayon de la sphère de la terre plus que dix fois et moins que onze fois, ce qui apparaîtra facilement ainsi. En effet, si l'on pose que n'importe quel élément plus grand excède celui qui lui est inférieur et le plus proche comme 32 excède 1, il s'ensuit que le rayon de A contient plus que dix fois le rayon de la sphère de la terre. En effet, que soient disposés, à l'instar des trois éléments inférieurs, ces trois termes dans le rapport susdit, 1, 32, 1024, qui, s'ils sont agrégés, feront 1057. Alors, A contient mille cinquante-sept fois la sphère de la terre. Et le tiers de ce rapport sera, d'après la cinquième supposition de ce chapitre, le rapport du diamètre de A au diamètre de la sphère de la terre. Prenons donc ces quatre termes continûment proportionnels dans le rapport décuple, 1, 10, 100, 1000. Alors, selon la deuxième conclusion du premier chapitre, le rapport du plus grand d'entre eux au plus petit est le triple du rapport décuple. Et ce rapport est plus petit que le rapport de A à la sphère de la terre. Donc, d'après la septième supposition du premier chapitre, la troisième partie de ce rapport est plus petite que la troisième partie de l'autre rapport. Donc la troisième partie du rapport de A à la sphère de la terre, qui est le rapport du diamètre de A au diamètre de la sphère de la terre, excède le rapport décuple. Par conséquent, puisque le rapport de n'importe quel élément plus grand à celui qui lui est inférieur et le plus proche est plus grand que le rapport de 32 à 1, il s'ensuit avec la plus grande certitude que la troisième partie du rapport de A à la sphère de la terre excède le rapport décuple. Or le rapport des diamètres est le même que celui des rayons, comme cela est clair d'après ce qui a été dit. Donc le rayon de A contient plus que dix fois le rayon de la sphère de la terre.

De nouveau, posons que n'importe quel élément plus grand contient trente-trois fois celui qui lui est inférieur et le plus proche. Alors, à l'instar des trois éléments inférieurs, prenons ces trois termes continûment proportionnels selon le premier rapport, 1, 33, 1089, qui, pris ensemble, feront 1123. Alors, dans ce cas, le rapport de A à la terre est comme le rapport de 1123 à 1, dont la troisième partie est le rapport du diamètre de A au diamètre de la sphère de la terre. Que soient disposés ces quatre termes continûment proportionnels, dans le rapport undécuple, 1, 11, 121, 1331, pour lesquels on démontre que le plus grand a au plus petit d'entre eux le rapport triple du rapport undécuple. Et ce rapport est plus grand que le rapport de A à la sphère de la terre. Donc, puisque le rapport de n'importe quel élément plus grand à celui qui lui est inférieur et le plus proche est plus petit que le rapport de 33 à 1 et que, par conséquent, le rapport de A à la sphère de la terre est plus petit que le rapport de 1123 à 1, il s'ensuit à plus forte raison que le rapport de 1331 à 1 excède le rapport de A à la sphère de la terre. Donc sa troisième partie, qui est le rapport undécuple, est plus grande que la troisième partie de l'autre rapport, qui est le rapport du diamètre de A au diamètre de la sphère de la terre. Par conséquent, le rapport du rayon de A au rayon de la sphère de la terre sera plus petit que le rapport undécuple.

Selon la même méthode, on peut trouver le rapport de n'importe quel diamètre ou n'importe quels diamètres des éléments à n'importe quel diamètre ou n'importe quels diamètres des éléments, ainsi que la densité de n'importe lequel ou de n'importe lesquels d'entre eux.

Un point à une distance moyenne entre la surface intérieure du ciel et le point central de la terre est situé bien au-dessus de la surface extérieure de l'air. En effet, la distance de la surface intérieure du ciel au centre de la terre contient trente-trois fois le rayon de la sphère de la terre. Donc la distance de ce point médian au centre susdit contiendra inévitablement le même rayon seize fois et demi. Mais, d'après la conclusion précédente, la distance de la surface intérieure de l'air au centre de la terre ne contient pas onze fois le rayon de la sphère de la terre. Donc le point à distance moyenne entre le ciel et le centre de la terre est situé beaucoup plus haut que la surface extérieure de l'air. On a donc clairement démontré de cette manière ce que nous voulions.

Ainsi s'achève l'ouvrage sur le rapport entre les rapidités dans les mouvements, avec l'aide de ce Moteur duquel tous les moteurs procèdent, pour lequel il n'existe aucun rapport entre Lui et son mobile, et auquel appartiennent l'honneur et la gloire aussi longtemps qu'il y a du mouvement. Amen.

Ainsi s'achève le *Traité sur les rapports* rédigé par le Maître Thomas Bradwardine en l'année 1328 du Seigneur.

NICOLE ORESME

SUR LES RAPPORTS DE RAPPORTS

PROLOGUE

Toutes les opinions raisonnables sur la rapidité des mouvements posent que cette rapidité suit d'un certain rapport : l'une pose qu'elle suit du rapport de l'excès de la puissance motrice sur la résistance ou la puissance de la chose mue ; l'autre, du rapport entre les résistances, la puissance restant la même ou égale, ou du rapport entre les puissances, la résistance restant la même ou égale ; la troisième, du rapport de la puissance motrice à la résistance ou à la puissance de la chose mue, ce que je tiens pour vrai et qu'Aristote et Averroès ont soutenu. Donc, d'après n'importe laquelle de ces opinions, la rapidité du mouvement est d'autant plus grande que le rapport est grand et le mouvement est d'autant plus ralenti que le rapport est petit. En effet, comme la rapidité suit d'un rapport, ainsi le rapport entre les rapidités suit d'un rapport entre des rapports et le rapport entre les rapidités dans les mouvements doit être pris selon un rapport de rapports de cette sorte.

C'est pourquoi, afin que ceux qui s'appliquent à cette étude soient incités à la poursuite de l'investigation, il est utile de dire quelques mots au sujet du rapport de rapports, dont la connaissance apporte une aide inestimable non seulement pour les rapports entre les mouvements, mais aussi pour les mystères et les tâches ardues de la philosophie.

Ce qu'est le rapport et comment il est divisé en rapport d'inégalité et d'égalité, en rapport de plus grande inégalité et de plus petite inégalité et en rapport rationnel et irrationnel, et comment le rapport rationnel est divisé en cinq genres dont n'importe lequel est divisé en une infinité d'espèces, etc., je suppose que c'est déjà connu en accord avec plusieurs auteurs. Et j'en arrive à ce qui nous occupe en divisant ce traité en chapitres.

Dans le premier de ces chapitres, je présenterai, en tant que brève introduction, quelques préambules sans démonstration ; ainsi, je présuppose quelques principes. Cependant, dans les autres chapitres, rien n'est supposé du premier chapitre qui ne soit connu par soi ou qui ne soit pas évoqué ici sans être démontré ailleurs. Dans le deuxième chapitre, je démontrerai quelques conclusions au sujet des rapports et j'ajouterai quelques exemples pratiques. Dans le troisième, je traiterai plus spécialement des rapports de rapports. Dans le quatrième, j'appliquerai ce qui a été dit auparavant aux rapports entre les mouvements. Dans le cinquième, j'en arriverai aux rapidités des mouvements. Dans le sixième, je parlerai de l'incommensurabilité des mouvements célestes en corrigeant certaines choses que j'ai abordées brièvement ailleurs, dans le traité *À ceux dont l'attention se porte sur un petit nombre de sujets*[1].

1. Le titre latin de ce traité est *Ad pauca respicientes* que Nicole Oresme évoque ici sous le titre *Ad pauca aspicientes*. Ce traité a été édité par Edward Grant à la suite du traité *Sur les rapports de rapports*, mais chronologiquement, il a été rédigé avant (Nicole Oresme, *De proportionibus proportionum* and *Ad pauca respicientes*, Edited with Introductions, English Translations and Critical Notes by Edward Grant, Madison, University of Wisconsin Press, 1966). Les chapitres V et VI annoncés ici par Nicole Oresme ne figurent pas dans le traité *Sur les rapports de rapports*. Ce traité reste donc inachevé. Voir à ce propos, l'introduction de E. Grant à son édition du traité de Nicole Oresme (*op. cit.*, p. 72-81) et Max Lejbowicz, « Nicole Oresme dans la lumière de l'urbanité », dans Paul J. J. M. Bakker (éd.) avec la collaboration d'Emmanuel Faye et Christophe Grellard, *Chemins de la pensée médiévale. Études offertes à Zénon Kaluza*, Turnhout, Brepols, 2002, p. 675-708.

PREMIER CHAPITRE

Tous les rapports d'égalité sont égaux et plusieurs espèces ne leur sont pas assignées, mais une seule. Tout rapport de plus grande inégalité excède à l'infini le rapport d'égalité et tout rapport de plus petite inégalité est excédé à l'infini par le rapport d'égalité et par n'importe quel rapport de plus grande inégalité, comme on le verra plus loin[1]. D'où il est clair qu'il n'y a aucun rapport entre un rapport d'inégalité et un rapport d'égalité et entre un rapport de plus grande inégalité et un rapport de plus petite inégalité, comme de l'un à l'autre[2]. On doit donc seulement considérer les rapports de plus grande inégalité entre eux et les rapports de plus petite inégalité entre eux.

Diviser un rapport de plus grande inégalité, c'est placer entre ses termes un médian ou des médians. Par exemple, soit *b* une plus grande quantité et *c* une autre plus petite et que le rapport de *b* à *c* soit A. Je dis que, diviser A, c'est trouver ou placer un médian ou des médians entre *b* et *c*. Et, de manière

1. Voir ce que dit Nicole Oresme plus loin, p. 83.

2. Nicole Oresme fait ici allusion à la conception euclidienne du rapport. Selon la théorie du livre V, deux grandeurs ont entre elles un rapport si la plus petite peut être augmentée jusqu'à dépasser la plus grande. Puisque cette propriété n'est pas remplie par un rapport d'égalité et un rapport de plus grande inégalité, il ne peut pas y avoir de rapport entre un rapport d'égalité et un rapport de plus grande inégalité. De même, pour un rapport de plus petite inégalité et un rapport d'égalité, ou un rapport de plus petite inégalité et un rapport de plus grande inégalité. Voir notre introduction, p. XXVIII.

générale, j'appelle médian ce qui est plus grand que *c* et plus petit que *b*. Soit, en effet, *d* un médian entre *b* et *c*. Puisque le rapport du premier au troisième est composé du rapport de la première quantité à la deuxième et de la deuxième à la troisième – comme cela est suffisamment clair d'après la définition 10 et, bien plus, d'après le commentaire à la définition 11 du livre V d'Euclide et le début du livre VII[3] –, il s'ensuit que le rapport A, qui est entre *b* et *c*, est composé du rapport de *b* à *d* et du rapport de *d* à *c*. Et puisque toute chose est résolue ou divisée en ces choses dont elle est composée, il est clair que le rapport A est divisé en deux rapports par *d*, le médian choisi. Et si, entre *b* et *c*, sont placés deux médians, alors le rapport A est divisé en trois parties ou en trois rapports, et si sont placés trois médians, il est alors divisé en quatre, si quatre, en cinq, et il est ainsi toujours divisé indéfiniment en autant de parties que sont placés de médians plus une unité, ce que l'on peut facilement montrer à partir du livre V d'Euclide[4]. Et ce mode de division des rapports, Jordanus le présente dans un commentaire de son *Arithmétique*[5].

3. De même que Thomas Bradwardine, Nicole Oresme utilise la version de Campanus des *Éléments* d'Euclide. Les définitions 10 et 11 du livre V y sont les suivantes : « Si on a trois quantités continûment proportionnelles, on dit que le rapport de la première à la troisième est le rapport de la première à la deuxième doublé. Lorsque l'on a quatre quantités continûment proportionnelles, on dit que le rapport de la première à la quatrième est le rapport de la première à la deuxième triplé » (Hubert H. L. Busard, *Campanus of Novara and Euclid's Elements*, Stuttgart, Franz Steiner Verlag, 2005, vol. I, p. 168 ; dorénavant cité comme Campanus, *Elements*). Dans le commentaire à la définition 11, Campanus remarque : « Et notons encore que dans la proportionnalité continue, le rapport des extrêmes est produit de tous les rapports intermédiaires » (*Ibid.*, p. 170, l. 351-352). La composition des rapports est définie par Campanus, pour les rapports numériques, au début du livre VII (définition 19, qui n'est pas dans la version grecque des *Éléments*) : « Lorsque des rapports semblables ou différents sont continués, on dit que le rapport du premier nombre au dernier est composé de tous les rapports » (*Ibid.*, p. 230).

4. Les notions de « partie » ou de « parties » d'un rapport, telles que Nicole Oresme les définit ici, sont au fondement de sa théorie des rapports de rapports. Voir notre introduction, p. XXI.

5. Nous ne savons pas à quoi Nicole Oresme fait allusion.

Accroître un rapport de plus grande inégalité, c'est placer au delà de ses termes un autre terme ou d'autres termes. Par exemple, si le rapport A, qui est entre *b* et *c*, doit être augmenté, on doit prendre un terme plus grand que *b* et on doit le comparer à *c*, ou l'on doit prendre un terme plus petit que *c* auquel *b* sera comparé, ou l'on doit prendre un terme plus grand que *b* et un autre plus petit que *c*. Ainsi, soit *d* plus grand que *b*, alors le rapport de *d* à *c* est composé du rapport de *d* à *b* et du rapport de *b* à *c*. Donc il est plus grand que le rapport de *b* à *c*, qui est sa partie.

Quant à soustraire un rapport d'un autre rapport, c'est placer entre les termes du plus grand un médian qui soit au plus petit terme ou auquel le plus grand terme soit selon le rapport à soustraire[6].

Quant à ajouter un rapport à un autre rapport, c'est poser l'un d'eux en ses termes et, ensuite, trouver un troisième terme qui soit au plus grand terme selon le rapport que l'on veut ajouter, ou auquel le plus petit terme est dans le rapport à ajouter. Par exemple, si au rapport A, qui est de *b* à *c*, on veut ajouter un rapport, E. Prenons un terme *d* qui soit à *b* dans le rapport E, ou un autre terme *f* auquel *c* soit dans le rapport E[7], comme si un rapport sesquialtère est ajouté à un rapport double.

De là, ce que c'est que doubler un rapport, le tripler, etc., est clair[8]. Et toutes ces choses sont évidentes si l'on comprend le livre V d'Euclide.

Et si on veut, à l'aide d'un procédé, ajouter un rapport de plus grande inégalité à un autre, alors il est nécessaire de multiplier la dénomination de l'un par la dénomination de l'autre. Et si on voulait soustraire l'un de l'autre, on le ferait en divisant la dénomination de l'un par la dénomination de

6. Soit A le rapport de *h* à *k*, auquel on veut soustraire le rapport B. On détermine entre *h* et *k* la quantité *i* telle que *i* à *k* soit le rapport B. Alors le résultat de la soustraction de B à A est le rapport *h* à *i*. En effet, $(h : k) = (h : i)\bullet(i : k)$ ou $A = (h : i)\bullet B$.

7. Le résultat de l'ajout de E à A est le rapport *d* à *c*, en effet $(d : c) = (b : c)\bullet(d : b) = A\bullet E$.

8. Doubler un rapport, c'est le composer une fois par lui-même, le tripler, c'est le composer deux fois, etc.

l'autre. On enseignera plus loin la recherche des dénominations ainsi que leur multiplication et leur division grâce à un algorithme[9].

Quant à la division, l'augmentation, l'addition, la duplication, la triplication etc., et la soustraction des rapports de plus petite inégalité, elles sont faites en sens inverse[10]. Mais pour cela, on doit faire certaines remarques.

La première est que, deux termes étant donnés, par exemple *a* le plus grand et *b* le plus petit, et *c* étant la différence ou l'excès de l'un sur l'autre, je dis que le rapport de plus grande inégalité qui est le rapport de *a* à *b* est augmenté par l'accroissement de la différence *c* et est diminué par sa diminution. Quant au rapport de plus petite inégalité, à savoir le rapport de *b* à *a*, il est diminué par l'accroissement de la différence et augmenté par sa diminution. En effet, autant la différence est grande, autant le rapport de plus grande inégalité est grand et le rapport de plus petite inégalité est petit, comme on le démontrera plus loin d'après la proposition 8 du livre V d'Euclide[11]. Mais cela n'arrive pas proportionnellement. En effet, si la différence *c* augmente uniformément, le rapport de plus grande inégalité augmente difformément et le rapport de plus petite inégalité diminue difformément ; de même, si *c* diminue etc[12].

9. Voir plus loin l'exposé de Nicole Oresme à ce sujet, p. 119 ; voir notre introduction p. XXXIV.

10. Pour l'exposé de Nicole Oresme sur les rapports de plus petite inégalité, voir notre introduction, p. XXXI.

11. Proposition 8 du livre V : « Si deux quantités inégales sont comparées à une même quantité, la plus grande aura un plus grand rapport et la plus petite un plus petit » (Campanus, *Elements*, vol. I, p. 165).

12. Si l'on considère un processus dont la durée est par exemple d'une heure, selon lequel *c* augmente uniformément, c'est-à-dire qu'il varie de telle manière que l'augmentation soit proportionnelle aux parties de l'heure (par exemple, si *c* augmente de 1 dans le premier quart d'heure, il augmente de 2 au bout d'une demi-heure, et de 3 au bout de trois quarts d'heure), alors le rapport de *a* à *b* n'augmente pas proportionnellement aux parties de l'heure, ou selon les termes de Nicole Oresme, cette augmentation est difforme.

Et *c*, la différence, peut être augmentée de deux manières : premièrement, par l'augmentation du plus grand terme *a*. Alors, pour que le rapport de plus grande inégalité augmente à l'infini, *c* doit être augmentée à l'infini, de même que *a*. Deuxièmement, *c* augmente par la diminution du plus petit terme *b*. Alors, pour que le rapport soit augmenté à l'infini, il n'est pas nécessaire que *c* soit augmentée à l'infini, mais il convient que *b* soit diminué à l'infini[13]. Et puisque l'augmentation infinie ainsi que la diminution infinie ne sont pas possibles naturellement, il est clair qu'il est possible d'augmenter à l'infini un rapport par la diminution du plus petit terme, mais que ce n'est pas possible par l'augmentation du plus grand terme. C'est pourquoi, puisque la rapidité d'un mouvement suit du rapport de la puissance motrice à la résistance, il s'ensuit qu'une rapidité infinie est possible par la diminution de la résistance et non par l'augmentation de la puissance. Mais je dirai ailleurs comment et dans quels mouvements cela se produit.

De même, la différence *c* peut être diminuée de deux manières. Premièrement, par la diminution du plus grand terme *a*; deuxièmement, par l'augmentation du plus petit terme *b*. Et pour diminuer *c* à l'infini, on ne doit pas diminuer *a* à l'infini, ni augmenter *b* à l'infini. Cependant, *c* peut être diminuée à l'infini et de cette diminution à l'infini suit l'augmentation à l'infini du rapport de plus petite inégalité et la diminution du rapport de plus grande inégalité. Ainsi, pour autant que *c* est diminuée, on n'aura jamais l'égalité, puisque quelque chose reste malgré tout. Et pour autant que le rapport de plus petite inégalité est augmenté, il n'atteindra jamais le rapport d'égalité ; de même pour la diminution du rapport de plus grande inégalité. De là, il est clair que le rapport d'égalité excède à l'infini le rapport de plus petite inégalité et est excédé à l'infini par n'importe quel rapport de plus grande inégalité, ce qui peut facilement être démontré à partir de ce qui a été dit.

Et si la différence *c* est augmentée par l'augmentation de *a* et la diminution de *b* simultanément ou encore, si chacun

13. Il faut entendre ici que *b* se rapproche indéfiniment de 0.

d'eux est augmenté, mais *a* plus rapidement que *b*, ou si chacun d'eux est diminué, mais *b* plus rapidement que *a*, et de même si *c* est diminué selon les mêmes modalités, on ne s'en soucie pas pour notre propos.

Deuxièmement, je dis qu'à un plus grand rapport de plus grande inégalité correspond un plus petit rapport de plus petite inégalité, et à un plus petit, un plus grand. Par exemple, comme le rapport quadruple est plus grand que le rapport double, ainsi le rapport sous-quadruple est plus petit que le rapport sous-double, ce que l'on démontre de deux manières. Premièrement, parce que le rapport dont la dénomination est plus grande est plus grand, et celui dont elle est plus petite est plus petit, comme le veut Jordanus dans le deuxième livre de son *Arithmétique*[14] et comme cela est dit dans le commentaire de la seizième définition du livre V (je parle toujours du commentaire de Campanus)[15]. Or la dénomination du rapport sous-quadruple, qui est 1/4, est plus petite que la dénomination du rapport sous-double, qui est 1/2. Et que ce soient leurs dénominations sera clair plus loin, lorsque l'on enseignera comment trouver les dénominations des rapports. Deuxièmement, on le prouve à partir de la deuxième partie de la huitième proposition du livre V d'Euclide, selon laquelle on a que, si quelque quantité est proportionnelle à deux quantités inégales, elle aura à la plus petite un rapport plus grand et à la plus grande, un rapport plus petit[16]. Par exemple, si 1

14. Définition 9 du livre II : « Des rapports qui reçoivent la même dénomination sont dits semblables ou l'un le même que l'autre. Et il est plus grand, celui qui a une plus grande dénomination, et plus petit, celui qui en a une plus petite » (H. L. L. Busard, *Jordanus de Nemore,* De Elementis Arithmetice Artis. *A Medieval Treatise on Number Theory,* Stuttgart, Franz Steiner Verlag, 1991, p. 75).

15. Dans son commentaire à la définition 16 du livre V, Campanus dit : « D'où Jordanus, dans le deuxième livre de son *Arithmétique,* définissant quels rapports sont les mêmes et lesquels sont différents, dit que sont les mêmes ceux qui ont la même dénomination, mais est plus grand celui qui a une plus grande dénomination et est plus petit celui qui en a une plus petite » (Campanus, *Elements,* vol. I, p. 174-175, l. 493-496).

16. Voir note 11, p. 82.

est comparé à 2 et à 4, le rapport de 1 à 2, qui est le rapport sous-double, est plus grand que le rapport de 1 à 4, qui est le rapport sous-quadruple. Par conséquent, comme le rapport quadruple est plus grand que le rapport double, ainsi le rapport sous-quadruple est plus petit que le rapport sous-double, ce qui a été proposé.

Troisièmement, j'ajoute qu'il suit de ce qui a été dit que, si on a trois termes continûment proportionnels et si le plus grand est appelé le premier, le médian le deuxième et le plus petit le troisième, alors le rapport du premier au troisième est composé du rapport du premier au deuxième et du rapport du deuxième au troisième, et il est le rapport du premier au deuxième doublé[17]. Et on doit comprendre ainsi la dixième définition du livre V et les propos de Campanus dans le commentaire de la onzième définition, lorsqu'il dit que le rapport des extrêmes est composé des rapports intermédiaires, c'est-à-dire que le rapport du premier au dernier est composé des rapports des intermédiaires[18]. Et, pour le premier terme, on doit toujours comprendre le plus grand et pour le dernier, le plus petit.

Mais si on a trois termes comme auparavant, et que le premier est le plus grand, le rapport du deuxième au premier est aussi le rapport du troisième au premier doublé. Donc, puisque le rapport du premier au deuxième est une partie du rapport du premier au troisième et qu'il lui est plus petit, alors le rapport du deuxième au premier est plus grand que le rapport du troisième au premier, mais il ne compose pas le rapport du troisième au premier, sauf si l'on disait qu'un plus petit est composé à partir d'un plus grand et qu'un plus petit est un plus grand doublé, ce qui semblerait plutôt un abus de langage. Exemple : le rapport de 4 à 1 est le double

17. Si on a trois quantités a, b, c, continûment proportionnelles, alors, puisque $(a : c) = (a : b) \bullet (b : c)$ et que $(a : b) = (b : c)$, on dit que le rapport de a à c est le rapport de a à b doublé. Nicole Oresme dira aussi que le rapport de a à c est le double du rapport de a à b.

18. Voir note 3, p. 80.

du rapport de 4 à 2, mais le rapport de 2 à 4 est le rapport de 1 à 4 doublé[19].

Quatrièmement, je dis, en liaison avec ce qui vient d'être exposé, qu'augmenter un rapport de plus petite inégalité, c'est placer un médian entre ses extrêmes, et le rapport est augmenté continûment, si le médian est posé plus proche de l'extrême que ce qu'il était. Et le diminuer, c'est placer un extrême ou des extrêmes plus écartés.

Exemple de diminution : soit le rapport sous-double de 4 à 8, je dis que le diminuer, c'est trouver un extrême ou des extrêmes plus écartés, comme ici, 2, 4, 8. De là, le rapport de 2 à 8 est plus petit que le rapport de 4 à 8, puisque c'est sa moitié. Et si on assigne un autre terme plus loin, comme ici 1, 2, 4, 8, alors le rapport de 1 à 8, qui est le rapport sous-octuple, est la troisième partie du rapport sous-double, à savoir de 4 à 8.

On a clairement un exemple d'augmentation ou d'addition pour la même raison. Ainsi, le rapport de 2 à 8 est augmenté en assignant 4 comme médian et, puisque c'est un médian proportionnel, alors ce rapport est doublé. Et si, en assignant un deuxième médian, on a deux médians proportionnels, ce rapport est triplé ; si, en assignant un troisième médian, on a trois médians, il est quadruplé, etc.

À partir de là, on peut voir comment on divise un rapport, comment un rapport est retranché d'un autre, comment on double un rapport, etc.

Mais si l'on voulait, à l'aide d'un procédé, ajouter un rapport de plus petite inégalité à un autre, ou le soustraire, on doit agir selon une méthode contraire à celle qui été menée pour les rapports de plus grande inégalité. Pour l'addition, la dénomination de l'un est divisée par la dénomination de l'autre ;

19. En utilisant les termes de « partie » et de « parties », Nicole Oresme est conduit à introduire une restriction : un rapport B ne peut pas être une partie du rapport A si B est plus grand que A. Ainsi, le rapport sous-double n'est pas une partie du rapport sous-quadruple alors même que l'on a : (1 : 4) = (1 : 2)•(2 : 4). Donc, Nicole Oresme refuse de dire que le rapport sous-quadruple est le double du rapport sous-double. Il inverse alors la définition ; il dit que c'est le rapport sous-double qui est le rapport sous-quadruple doublé. Voir notre introduction, p. XXXI.

pour la soustraction, la dénomination de l'un est multipliée par la dénomination de l'autre. La recherche des dénominations sera enseignée plus loin, ainsi que leur multiplication et leur division à l'aide d'un algorithme.

Cinquièmement, je dis que, d'après ce qui précède et d'après le cinquième livre d'Euclide, il peut apparaître avec suffisamment de clarté qu'un rapport de plus grande inégalité est d'autant plus grand que le rapport de plus petite inégalité qui lui correspond est petit, et inversement. D'où le rapport entre des rapports de plus petite inégalité est comme le rapport entre les rapports de plus grande inégalité qui leur correspondent ou auxquels ils sont opposés, le nom relatif de superposition étant cependant changé en relatif de sous-position. Par exemple, si le rapport quadruple est le double du rapport double, alors le rapport sous-quadruple est le sous-double du rapport sous-double[20]. Et si le rapport triple est incommensurable au rapport double, de même le rapport sous-triple sera incommensurable au rapport sous-double. C'est pourquoi, il est suffisant d'examiner seulement le rapport entre les rapports de plus grande inégalité grâce auquel on peut avoir le rapport entre les rapports de plus petite inégalité. Je ne dirai rien de plus que cela à propos des rapports de plus petite inégalité.

Le médian dont il est question ici se dit de deux manières. Selon le premier mode, il est improprement appelé médian et c'est le médian non proportionnel. Selon le deuxième mode, il est à proprement parler médian et c'est le médian proportionnel qui a au plus petit extrême ce rapport que le plus grand extrême a relativement à lui; et l'on parle toujours de proportionnalité géométrique.

Le médian non proportionnel se dit de trois manières. L'un est celui auquel chacun des extrêmes a un rapport rationnel, comme 8 est médian entre 9 et 4. L'autre est celui auquel chacun des extrêmes a un rapport irrationnel, comme la diagonale du carré entre le côté et le triple du côté. Le dernier

20. Voir note précédente.

est celui auquel l'un des extrêmes a un rapport rationnel et l'autre un rapport irrationnel, comme le côté est médian entre sa moitié et la diagonale du carré.

Le médian proportionnel est de deux sortes : l'un est selon un rapport rationnel, comme 2 entre 4 et 1, et l'autre est selon un rapport irrationnel, comme la diagonale du carré entre le côté et le double du côté. Et on peut parler de médian de bien d'autres manières qui ne sont pas pertinentes pour notre propos.

La partie se dit selon un premier mode et à proprement parler. C'est la partie qui est dite aliquote ou multiplicative et dont le tout est multiple. Et il y a plusieurs parties de cette sorte. Selon un autre mode et improprement, c'est la partie agrégative ou non aliquote qui, prise un certain nombre de fois, ne constitue pas précisément son tout mais plus que son tout, ou moins. Et l'on trouve cela au début du livre V d'Euclide[21]. La partie, si elle est prise pour elle-même, est entendue selon sa signification première et propre.

On peut tirer quelques définitions de ce qui a été dit. La première sur ce qu'est diviser un rapport ; la deuxième sur ce qu'est augmenter un rapport, ajouter, doubler, tripler etc. ; la troisième sur ce qu'est un médian ; la quatrième sur ce qu'est une partie.

On peut aussi poser quelques postulats. Le premier : Entre deux quantités continues inégales quelconques, on peut trouver autant de médians que l'on veut à l'infini, en divisant l'excès ou la différence de l'une sur l'autre.

Le deuxième : Entre deux nombres inégaux quelconques, on ne peut trouver qu'un nombre fini de nombres.

On peut aussi poser ces suppositions.

La première est qu'on trouve tout rapport, tant rationnel qu'irrationnel, dans les quantités continues.

La deuxième : On ne trouve aucun rapport irrationnel dans les nombres.

21. Voir le commentaire de Campanus à la définition 1 du livre V : « Une quantité est une partie d'une quantité, la plus petite de la plus grande, lorsque la plus petite mesure la plus grande » (Campanus, *Elements*, vol. I, p. 160).

La troisième : Un rapport entre n'importe quelles quantités commensurables est rationnel et, de même, inversement, tout rapport rationnel est entre des quantités commensurables. Un rapport entre n'importe quelles quantités incommensurables est irrationnel et, de même, inversement, tout rapport irrationnel est entre des quantités incommensurables.

Tout cela est clair d'après les propositions 5 et 6 du livre X[22], d'après les définitions des quantités commensurables et incommensurables données dans le livre X[23] et d'après les principes du livre VII ainsi que le commentaire à la troisième définition du livre V[24].

Et de ces suppositions suivent deux autres.

22. Proposition 5 du livre X : « Le rapport de deux quantités quelconques commensurables est comme le rapport d'un nombre à un nombre ». Proposition 6 du livre X : « Si on a deux quantités dont le rapport de l'une à l'autre est comme le rapport d'un nombre à un nombre, il est nécessaire que ces deux quantités soient commensurables » (Campanus, *Elements*, vol. I, p. 308).

23. Définition 1 du livre X : « Des quantités pour lesquelles on a une quantité commune les mesurant sont dites commensurables ». Définition 2 du livre X : « Celles pour lesquelles on n'a pas une quantité commune les mesurant sont dites incommensurables. » (Campanus, *Elements*, vol. I, p. 306).

24. Dans le commentaire à la définition du rapport (Définition 3 du livre V), Campanus dit : « En effet, certains rapports se trouvent parmi les quantités discrètes ou les nombres, et certains se trouvent parmi les quantités continues. Et dans les nombres, le plus petit est une partie ou des parties du plus grand, comme on le démontre au livre VII. Donc, pour eux tous, la relation est déterminée et connue. Mais dans les quantités continues, le rapport est beaucoup plus varié. En effet, dans le cas où la plus petite quantité est une partie ou des parties de la plus grande, le rapport entre toutes celles qui sont ainsi est connu au moyen des nombres et est dit rationnel. Et toutes les quantités qui sont ainsi sont dites commensurables, puisqu'une même quantité les mesure nécessairement. De là, tous les nombres sont commensurables, puisque l'unité les mesure tous. On a aussi le cas où la plus petite quantité n'est pas une partie ou des parties de la plus grande, et pour celles qui sont ainsi le rapport n'est pas connu, ni par nous, ni par la nature ; et l'on dit que ce rapport est irrationnel et ces quantités incommensurables » (Campanus, *Elements*, vol. I, p. 161, l. 48-58).

L'une, et c'est la quatrième, est que n'importe quel rapport est divisible à l'infini, puisque, d'après la première supposition, on trouve tout rapport dans les quantités continues, que, d'après la première définition, diviser un rapport, c'est trouver des médians entre les extrêmes et que, d'après le premier postulat, entre deux quantités continues inégales quelconques il est possible de trouver des médians à l'infini.

L'autre, et c'est la cinquième, est que n'importe quel rapport est comme une quantité continue du fait qu'il est divisible à l'infini, comme la quantité continue, en deux parties égales, en trois, en quatre, etc., en parties inégales de quelque manière que ce soit, en parties commensurables et de même en parties incommensurables entre elles etc., et ainsi de n'importe quelle autre manière. En effet, d'après le premier postulat, le rapport est divisé selon la division de l'excès ou de la différence du plus grand terme au petit, même si ce n'est pas proportionnellement. De là, il ne s'ensuit pas que l'excès est divisé par un médian, mais que le rapport est divisé par le médian ; or de tels excès et de tels termes peuvent former une quantité continue, d'après la première supposition, puisqu'une quantité continue est assurément divisible à l'infini.

Cette supposition est confirmée par le commentaire à la définition 11 du livre V où il est dit que : « la dénomination d'un rapport de deux quantités entre lesquelles n'est interposé aucun médian a la nature d'une ligne, entre lesquelles est interposé un médian a la nature d'une surface et entre lesquelles sont interposés deux médians a la nature d'un corps »[25].

Autre supposition : on doit noter qu'il n'est pas vraisemblable que tout rapport irrationnel soit médiatement dénommé par un nombre.

Tout rapport rationnel est immédiatement dénommé par quelque nombre, soit avec une fraction ou des fractions, soit sans fraction. Et l'on enseignera plus loin la recherche de ces dénominations.

Quant au rapport irrationnel, on dit qu'il est dénommé médiatement par quelque nombre quand il est une partie

25. Campanus, *Elements*, vol. I, p. 169, l. 323-324.

aliquote ou des parties de quelque rapport rationnel ou quand il est commensurable à quelque rapport rationnel, ce qui est la même chose[26]. Par exemple, le rapport de la diagonale au côté est la moitié du rapport double.

Je dis donc qu'il ne semble pas vrai que tout rapport irrationnel soit commensurable à un rapport rationnel. Et la raison en est que tout rapport est comme une quantité continue quant à la division, comme cela est clair d'après la dernière supposition. Donc il peut être divisé en deux parties dont n'importe laquelle est incommensurable au tout[27], d'après la proposition 9 du livre X[28]. C'est pourquoi, on aura un rapport qui sera une partie du rapport double et cependant ne sera pas la moitié du double, ni le tiers, ni le quart, ni les deux tiers etc., mais sera incommensurable au rapport double. Par conséquent, il sera incommensurable à n'importe quel rapport commensurable au rapport double, d'après le commentaire à la proposition 8 du livre X[29]. De plus, pour la même raison, un rapport pourra être incommensurable au rapport double, au rapport triple et à n'importe quel rapport com-

26. « ce qui est la même chose » est inadéquat. En effet, il n'est pas vrai que le fait que le rapport irrationnel soit une partie ou des parties d'un rapport rationnel est équivalent à ce qu'il lui soit commensurable. Le rapport irrationnel peut être commensurable au rapport rationnel et lui être plus grand; il sera alors dans un rapport superparticulier, superpartient, multiple superparticulier ou multiple superpartient relativement à ce rapport rationnel. Nicole envisage d'ailleurs ce cas, plus loin (voir p. 166). Pour la dénomination des rapports, voir notre introduction, p. XXXIV.

27. Ici « partie » est utilisé au sens commun: le rapport rationnel est composé de deux rapports irrationnels qui ne sont pas nécessairement égaux.

28. Proposition 9 du livre X: « Si on a deux quantités commensurables, le tout obtenu à partir d'elles sera commensurable à chacune d'elles. Mais si le tout est commensurable à chacune d'elles, elles seront commensurables entre elles deux » (Campanus, *Elements*, vol. I, p. 311). Le cas de l'incommensurabilité, invoqué ici par Nicole Oresme, est traité par Campanus dans une *additio* (*Ibid.*, p. 312).

29. Dans une *additio* à la proposition 8 du livre X, Campanus explique: « [...] si on a deux quantités commensurables entre elles, [...] une quantité quelconque qui n'est pas commensurable à l'une d'elles ne l'est pas à l'autre » (Campanus, *Elements*, vol. I, p. 311).

mensurable à l'un de ceux-là, comme est la moitié du rapport sesquitièrce. Et la même chose peut être dite pour d'autres rapports.

Ainsi, on peut sans doute avoir un rapport irrationnel qui est incommensurable à n'importe quel rapport rationnel. On en voit maintenant la raison : s'il existe quelque rapport incommensurable à deux rapports, s'il existe quelque rapport incommensurable à trois et ainsi de suite, alors il existe quelque rapport qui est incommensurable à n'importe quel rapport, tout comme quelque quantité continue est incommensurable à toutes les quantités d'une suite, même si cela ne découle pas de la forme d'argumentation. Cependant, je ne sais pas le démontrer, mais que l'opposé soit vrai est indémontrable et inconnu[30].

Cela apparaît aussi clairement dans le commentaire de la dernière définition du livre V d'Euclide où il est dit que « les rapports irrationnels, dont on ne peut connaître la dénomination, sont en nombre infini »[31]. Et si le passage de cette autorité[32] est vrai, il s'ensuit que n'importe quel rapport irrationnel n'est pas susceptible d'être commensurable à un rapport rationnel ou dénommé par un rapport rationnel. On le prouve ainsi : si un rapport quelconque est commensurable à un certain rapport, alors la dénomination de ce rapport quelconque peut être connue. On démontre cela plus loin à partir de l'opposé du conséquent. Toutefois, je prouve la conséquence. En effet, s'il n'en est pas ainsi, soit B un rapport irrationnel dont la dénomination peut être connue et soit A un rapport rationnel auquel B est commensurable. Et soit C le rapport de B à A. Je suppose que le rapport peut être connu, si sa dénomination peut être connue, et inversement. Alors, je raisonne ainsi : A est un rapport qui peut être connu et C est un rapport qui peut être connu, donc B est un rapport qui peut être connu. L'antécédent est clair, puisque A et C sont

30. Pour l'explication de ce raisonnement, voir notre introduction, p. XXXVI.

31. Campanus, *Elements*, vol. I, p. 175, l. 496-497.

32. Il s'agit de Campanus.

des rapports rationnels. Je prouve la conséquence : en effet, si quelque quantité peut être connue ou si elle est connue, comme A, et si le rapport de cette quantité à une autre est connue, comme est C, cette autre quantité, à savoir B, peut aussi être connue ou elle est connue. Et ce que je dis au sujet des quantités est présenté pour les nombres dans la deuxième conclusion du livre II du traité *Sur les nombres donnés*[33], comme cela est mentionné et démontré plus loin dans la neuvième supposition du chapitre IV. C'est pourquoi il est clair que, si un rapport irrationnel quelconque est commensurable à un rapport rationnel, sa dénomination peut être connue, bien qu'elle ne soit pas encore connue. Et on pourrait dire que l'auteur[34] envisage des rapports qui ne sont pas encore connus. Il ne doit donc pas parler des rapports irrationnels plus que des rapports rationnels dont, de même, certains ne sont pas connus. Il semble donc plutôt envisager que les dénominations de certains rapports ne peuvent pas être connues, puisque, pour certains d'entre eux, il n'y a aucune dénomination, du fait que toute dénomination est dénommée soit médiatement, soit immédiatement, par un nombre.

Il me suffit maintenant, dans ce chapitre, de pouvoir faire principalement ce qui suit : étant donnés n'importe quels rapports rationnels ou irrationnels, savoir, à l'aide d'une démonstration, s'ils sont commensurables ou incommensurables, c'est-à-dire si le rapport d'un des rapports à l'autre est rationnel ou irrationnel ; de même, s'ils sont commensurables ou communicants, trouver leur rapport. Et ces deux résultats seront les conclusions principales de ce chapitre.

Si les rapports donnés sont incommensurables, je n'ai pas l'intention de chercher plus avant si le rapport de l'un à l'autre, qui est irrationnel, est la moitié du rapport double, ou

33. Proposition 2 du livre II : « si un nombre donné a un rapport donné à un nombre, il s'ensuit que ce nombre est donné » (Jordanus de Nemore, *De numeris datis*, ed. by B. B. Hughes, Berkeley, Los Angeles, London, Publications of the Center for Medieval and Renaissance Studies, University of California Press, 1981, p. 70).

34. Il s'agit toujours de Campanus.

le tiers, ou le quart, etc., puisqu'il peut arriver qu'il ne soit la partie aliquote d'aucun rapport rationnel. Et si c'est le cas[35], c'est trop difficile et peut-être impossible à trouver, puisque sa dénomination peut ne pas être connue, comme cela est clair d'après l'autorité mentionnée plus haut.

Au sujet du rapport entre des rapports irrationnels je veux proposer un bref exposé. Comme je l'ai déjà mentionné à partir du commentaire du livre V d'Euclide, les rapports irrationnels, dont les dénominations sont inconnues, sont en nombre infini. En outre, puisque la dénomination de ces rapports est obtenue à partir d'un rapport rationnel, s'il existe un rapport qui n'est commensurable à aucun rapport rationnel, comme cela est vraisemblable, il n'aura pas une telle dénomination. Donc, si l'on se donne deux rapports irrationnels par leurs dénominations, dans le cas où ils en ont et où elles sont connues, le rapport de n'importe lequel d'entre eux au rapport rationnel par lequel il est dénommé est immédiatement clair. Quant au rapport entre les rapports rationnels, on le présentera plus bas, mais on peut comprendre comment assigner facilement à partir d'eux leur rapport[36].

Par exemple, si on cherche le rapport entre la moitié du rapport double et la quatrième partie du rapport triple, je dis que, si le rapport double et le rapport triple sont incommensurables, comme cela est vrai et sera clair plus loin, de même n'importe lesquelles de leurs parties aliquotes sont incommensurables. Mais si on cherche le rapport entre la moitié du rapport double et le tiers du rapport quadruple, je dis que le rapport quadruple et le rapport double sont commensurables, comme on le verra plus loin, et que par conséquent n'importe quelle partie aliquote de l'un est commensurable à n'importe quelle partie aliquote de l'autre. Et le rapport du rapport quadruple au rapport double sera clair d'après ce qui sera enseigné. Alors, ayant le rapport du tout au tout, on trouvera facilement le rapport de la partie à la partie de cette

35. C'est-à-dire si les rapports donnés sont incommensurables.

36. C'est-à-dire le rapport entre les rapports irrationnels qu'ils dénomment.

manière : en effet, puisque l'on fait la demande au sujet du tiers du rapport quadruple et de la moitié du rapport double et que le rapport quadruple est le double du rapport double, comme cela sera clair plus loin, prenons un nombre ayant une troisième partie et qui soit double d'un autre nombre ayant une moitié ou une demi-part. Ensuite, prenons le tiers du plus grand et la moitié du plus petit. Le rapport de l'une de ces parties à l'autre sera comme le rapport entre les rapports susdits. Et l'on pourra opérer de la même manière pour les autres rapports.

Par exemple, 12 est un nombre ayant une troisième partie et il est le double de 6, qui a une moitié. Donc 12 est pris à la place du rapport quadruple et 6 à la place du rapport double. Ainsi, le rapport de 4, qui est le tiers de 12, à 3, qui est la moitié de 6, est comme le rapport du tiers du rapport quadruple à la moitié du rapport double, à savoir le rapport sesquitierce. Et l'on doit agir de même pour les autres rapports.

On peut en général imaginer que le rapport rationnel est divisé de sept manières : en rapports rationnels de trois manières, en rapports irrationnels de trois manières et en un rapport rationnel et un rapport irrationnel d'une manière.

Première manière : en rapport rationnels égaux. Certains rapports peuvent être divisés ainsi, comme le rapport quadruple en deux rapports doubles. Cependant, tout rapport n'est pas divisé de cette manière.

Deuxième manière : en rapports rationnels inégaux dont n'importe lequel est une partie ou des parties. Tous les rapports ne sont pas divisés de cette manière, mais seulement quelques-uns, comme le rapport sédécuple en le rapport octuple et le rapport double, de sorte que le rapport double en est le quart et le rapport octuple les trois quarts.

Troisième manière : en rapports rationnels inégaux dont aucun n'est une partie ou des parties, et je prends toujours partie ou parties au sens propre. N'importe quel rapport est divisible de cette manière, comme le rapport double en le rapport sesquialtère et le rapport sesquitierce, ou le rapport sesquialtère en le rapport sesquiquinte et le rapport sesquiquarte, comme on le voit ici : 6, 5, 4.

Quatrième manière: en rapport irrationnels égaux. N'importe quel rapport est divisible de cette manière, comme le rapport double en deux rapports qui sont comme la diagonale au côté. Cependant, n'importe quel rapport ne peut pas être divisé en deux rapports irrationnels égaux, ni n'importe lequel en trois, etc., mais tout rapport peut être divisé en plusieurs rapports irrationnels égaux, puisque tout rapport peut être divisé en deux ou en trois ou en quatre etc., en prenant un prédicat disjoint.

Cinquième manière : en rapports irrationnels inégaux dont n'importe lequel est une partie ou des parties du rapport divisé. N'importe quel rapport peut être divisé de cette manière, si on l'entend comme précédemment. Ainsi, le rapport quadruple est divisé en le rapport de la diagonale au côté, qui en est le quart, et en le rapport du quadruple du côté à la diagonale, qui est les trois quarts du rapport quadruple.

Sixième manière: en rapports irrationnels inégaux dont aucun n'est une partie ou des parties. N'importe quel rapport peut être divisé ainsi en prenant, entre ses extrêmes, des médians non proportionnels et incommensurables et en les faisant varier de façon multiple.

Ces modes ont été donnés à l'aide d'exemples et sans démonstration, parce qu'ils apparaîtront facilement au vu des propositions suivantes. Et ils ne soulèvent aucun doute qui ne soit envisagé dans les démonstrations suivantes et qui ne soit éclairci dans ce qui sera dit. De la septième manière, on parle aussitôt après, puisqu'elle concerne davantage notre propos que les autres manières.

Je dis en outre que l'on peut imaginer diviser n'importe quel rapport irrationnel selon ces sept manières. Pour les quatre dernières, je dis que n'importe quel rapport irrationnel est divisé selon n'importe laquelle de ces quatre manières, à savoir en rapports irrationnels selon trois manières et en un rapport rationnel et un rapport irrationnel ou des rapports irrationnels d'une manière. La dernière manière est évidente, puisque, pour n'importe quel rapport irrationnel, il existe un rapport rationnel qui en est une partie, cependant non aliquote. En effet, pour n'importe quel rapport irrationnel, il existe un rapport rationnel qui lui est plus petit. Afin d'être bref, je n'en dis pas plus au sujet des autres manières et de celle-ci, puisqu'elles ne sont pas non plus pertinentes pour notre propos. Au sujet des trois premières manières, à savoir que n'importe quel rapport ou un certain rapport irrationnel peut être divisé selon n'importe laquelle de ces manières ou selon l'une d'elles, on en parlera plus loin.

Ces principes, ces préambules, ces remarques, ces justifications, ces définitions et ces distinctions étant posées comme des introductions à la compréhension de ce qui suit, je commence le deuxième chapitre en démontrant quelques conclusions.

DEUXIÈME CHAPITRE

Première partie du deuxième chapitre

Première conclusion : Aucun rapport rationnel n'est divisible selon la septième manière, c'est-à-dire en un rapport rationnel et un rapport irrationnel, ou bien en des rapports rationnels et un rapport irrationnel, ou bien en un rapport rationnel ou des rapports rationnels et des rapports irrationnels qui ne font pas un rapport rationnel.

Si cela n'était pas vrai, soit alors A, un rapport rationnel entre les extrêmes *d* et *f*, qui soit divisé en un rapport B rationnel et un rapport C irrationnel par l'insertion du médian *e* entre les extrêmes donnés, d'après la première définition. Alors, le rapport B s'étend entre *d* et *e*, le rapport C entre *e* et *f*, ou inversement, et le rapport total A entre *d* et *f*.

On argumente alors ainsi : *e* est commensurable à *d*, d'après la troisième supposition, puisque B, leur rapport, est rationnel ; *f* est commensurable à *d*, puisque A, leur rapport, est rationnel, d'après la troisième supposition. Donc *f* est commensurable à *e*, d'après la proposition 8 du livre X : « si deux quantités sont commensurables à une même quantité, elles seront commensurables entre elles »[1]. C'est pourquoi, le rapport de *f* à *e* est comme le rapport d'un nombre à un nombre, d'après la proposition 5 du livre X[2]. Ainsi, il est rationnel, puisque le plus

1. Campanus, *Elements*, vol. I, p. 310.
2. Voir note 29, p. 91.

petit terme est une partie ou des parties du plus grand, d'après la proposition 4 du livre VII[3]; et cela est aussi clair d'après le commentaire à la définition 2 du livre V[4]. Mais le rapport qui est entre *f* et *e* est le rapport C, donc C est un rapport rationnel, ce qui est contre ce qui a été supposé.

Ou on peut argumenter ainsi: *e* est commensurable à *d*, puisque B est un rapport rationnel, et *f* est incommensurable à *e*, puisque C est un rapport irrationnel et que c'est leur rapport par hypothèse. Donc *f* est incommensurable à *d*. D'après le commentaire à la proposition 8 du livre X où il est dit que, si deux quantités sont commensurables et si l'une d'entre elles est commensurable à une quantité quelconque, l'autre l'est aussi, si *f* était commensurable à *d*, alors, puisque *e* est commensurable à *d*, *f* serait commensurable à *e*, ce qui est l'opposé de la mineure. Donc la conséquence était bonne, dont la conclusion est que *f* est incommensurable à *d*. D'où il s'ensuit que A, leur rapport, est irrationnel, ce qui est contre l'autre hypothèse. On a ainsi ce qui a été proposé. Et par le même raisonnement, on montre que le rapport A ne peut pas être divisé en plusieurs rapports rationnels et en un rapport irrationnel, etc.

À partir de la même prémisse, on peut démontrer cette conclusion: Aucun rapport irrationnel n'est divisible selon l'une des trois premières manières de diviser des rapports posées dans la dernière remarque, c'est-à-dire en parties dont n'importe laquelle est rationnelle, que ce soit en parties égales, ou en parties inégales, ou selon quelque manière de diviser.

En effet, soit A un rapport irrationnel dont les extrêmes sont *d* et *f* et qui est divisé par le médian *e* donné; soit B le rapport de *d* à *e* et C le rapport de *e* à *f*.

On argumente alors comme précédemment: d'après la troisième supposition, *d* est commensurable à *e*, puisque B est un rapport rationnel, et de même *f* est commensurable à *e*, puisque C est un rapport rationnel. C'est pourquoi, d'après

3. Proposition 4 du livre VII: « Pour deux nombres quelconques inégaux, le plus petit est une partie ou des parties du plus grand » (Campanus, *Elements*, vol. I, p. 234).

4. Voir Campanus, *Elements*, vol. I, p. 160.

la proposition 8 du livre X, *f* est commensurable à *d*. Donc A est un rapport rationnel, alors que l'on avait posé le contraire. Ainsi, A n'est pas divisé etc., et cela que les rapports B et C soient posés égaux ou inégaux, etc. Et on a la même chose si l'on pose que A est divisé en trois rapports, en quatre, etc.

D'où il est clair qu'aucun rapport irrationnel n'est composé de rapports rationnels, bien que l'inverse soit vrai. Ainsi, le rapport double est composé à partir de deux rapports dont n'importe lequel est comme la diagonale au côté, comme cela est clair d'après la dernière remarque. Il est aussi clair qu'un rapport rationnel ajouté à un rapport rationnel fait et donne toujours un rapport rationnel, mais jamais un rapport irrationnel, bien qu'un rapport rationnel ajouté à un rapport irrationnel compose en toute circonstance un rapport irrationnel.

Deuxième conclusion: Si, entre les deux plus petits nombres d'un rapport rationnel quelconque, il n'y a pas un nombre ou des nombres proportionnels en place médiane, un tel rapport ne peut pas être divisé en plusieurs rapports rationnels égaux, et, pour cette raison, aucun rapport rationnel n'en est une partie aliquote[5].

S'il n'en était pas ainsi, soit alors A un rapport donné dont les premiers nombres soient *g* et *h*. Désignons le rapport A par deux autres nombres quelconques qui soient *d* et *f*. Divisons le rapport A en deux rapports égaux selon un médian donné *e*. Que ces deux rapports soient B et C, de sorte que le rapport de *d* à *e* soit B et le rapport de *e* à *f* soit C. Alors, puisque par hypothèse contraire chaque rapport est rationnel, à savoir A, B et C, il s'ensuit que *d*, *e* et *f* sont comme trois nombres continûment proportionnels, d'après la proposition 5 du livre X[6]. On a donc trois nombres continûment proportionnels et le rapport des extrêmes est un rapport donné, à savoir A. Et, entre ces extrêmes, il y a un nombre en place médiane, proportionnel. Ainsi, entre

5. Pour le lien entre l'insertion de médians entre les termes des rapports, la division de ces rapports et leur commensurabilité, voir notre introduction, p. XXXII.

6. Voir note 22, p. 89.

des nombres reliés dans le rapport A, il y a un nombre médian proportionnel, donc aussi entre n'importe quels nombres reliés dans le même rapport. Cette dernière conséquence vaut par la proposition 8 du livre VIII[7]. Mais *g* et *h* sont des nombres reliés dans le rapport A, puisque ce sont les premiers, d'après ce qui a été posé. Donc, entre *g* et *h*, il y a un nombre médian proportionnel, alors que l'on avait posé le contraire. Ainsi, le rapport A ne peut pas être divisé en deux rapports égaux.

De la même manière, on démontre qu'il ne peut pas être divisé en trois, ni en quatre, ni en cinq, etc., en plaçant plusieurs médians entre ses extrêmes. En effet, ces médians et ces extrêmes seraient comme des nombres continûment proportionnels. Ainsi, entre des nombres reliés dans le rapport A, on aurait plusieurs nombres médians proportionnels et, par conséquent, on en aurait autant entre les premiers nombres, ce qui est contraire à ce qui a été posé. C'est clair d'après la proposition 8 du livre VIII, qui est la suivante : « si entre deux nombres tombent autant de nombres que l'on veut en proportion continue, il est nécessaire qu'il en tombe autant entre tous les nombres reliés dans le même rapport ». De là il s'ensuit qu'aucun rapport rationnel n'est une partie aliquote d'un rapport rationnel entre les premiers nombres duquel il n'y a pas un nombre ou des nombres médians proportionnels. Pour cette raison, il est dit dans le commentaire à la proposition 8 du livre VIII[8], et Jordanus dit, dans le commentaire de son *Arithmétique*, qu'aucun rapport superparticulier ne peut être divisé par un médian, et l'on doit comprendre, en rapports rationnels[9].

7. Proposition 8 du livre VIII : « Si entre deux nombres tombent autant de nombres que l'on veut en proportion continue, il est nécessaire qu'il tombe autant de nombres entre deux nombres quelconques reliés selon le même rapport » (Campanus, *Elements*, vol. I, p. 269).

8. J'ai corrigé le texte qui comporte « livre VII ». Dans le commentaire de Campanus à la définition 8 du livre VIII, on lit : « De là on constate qu'aucun rapport superparticulier ne peut être divisé en parties égales » (Campanus, *Elements*, vol. I, p. 270, l. 126-127).

9. Proposition 61 du livre IX de l'*Arithmétique* de Jordanus : « Aucun rapport superparticulier n'est divisible en un certain nombre de rapports égaux » (Jordanus, *De Elementis Arithmetice Artis*, p. 193).

Troisième conclusion : Si une quantité est divisée en deux quantités inégales dont n'importe laquelle en est une partie ou des parties, ces deux quantités sont comme les deux plus petits nombres d'un rapport. D'où il est clair que, si le plus petit est retranché du plus grand et le reste, s'il y en a un, du plus petit, et ainsi de suite, on arrivera finalement à quelque chose qui sera une partie de chacun des dividendes et du divisé.

Je pose cette conclusion en raison de la suivante, afin que ce que j'y dirai soit plus facilement compréhensible. On doit donc noter que, si une quantité est divisée en deux quantités dont n'importe laquelle en est une partie, celles-ci sont égales, et inversement, puisque ce sont les deux moitiés. Mais, si elle est divisée en deux parties inégales, alors, si elles sont commensurables, l'une est des parties du tout et l'autre est une partie ou des parties ; de même si elle est divisée en trois, ou en quatre, etc.

Pour démontrer la conclusion je pose maintenant trois suppositions.

La première est que toute quantité qui est une partie ou des parties d'une autre peut être caractérisée par deux nombres, dont l'un est dit le numérateur et l'autre le dénominateur, comme cela est clair d'après le commentaire à la proposition 6 du livre VII[10]. Et assurément ces nombres sont premiers entre eux et les plus petits dans leur rapport, comme lorsque nous parlons de trois cinquièmes. De là, si ce sont les plus petits, ils sont premiers, d'après la proposition 22 du livre VII, et inversement, d'après la proposition 23 du même livre[11].

La deuxième est que, si d'une quantité est retranchée une quantité qui en est une partie ou des parties, le reste en sera semblablement une partie ou des parties ayant le même dénominateur que celui de la quantité qu'on a enlevée au début.

10. Dans le cours de la preuve de la proposition 6 du livre VII, on peut lire le commentaire de Campanus suivant : « la pluralité des parties est définie par deux nombres dont l'un est dit numérateur et l'autre dénominateur » (Campanus, *Elements*, vol. I, p. 236, l. 205-206).

11. Proposition 22 du livre VII : « Si on a deux nombres qui sont les plus petits dans leur rapport, ils seront premiers entre eux ». Proposition 23 du livre VII : « N'importe quels nombres premiers entre eux sont les plus petits dans leur rapport. » (Campanus, *Elements*, vol. I, p. 248 et 250).

Par exemple, 6 est les trois cinquièmes de 10 et le reste, à savoir 4, est deux cinquièmes. Et on a cela à partir de la proposition 8 du livre VII[12].

La troisième est que toute quantité étant divisée en deux quantités dont l'une est une partie ou des parties, ces deux parties sont comme leurs nombres numérateurs. De là, le rapport de 2/5 à 3/5 est comme le rapport de 2 à 3, et inversement. Cela est suffisamment clair d'après la proposition 8 du livre VII et la proposition 8 du livre V d'Euclide[13].

Ceci étant posé, que la conclusion proposée soit démontrée. Soit *a* un certain tout divisé selon des inégaux en *b*, la plus grande quantité, et en *c*, la plus petite, dont l'une est une partie ou des parties. Alors, d'après la deuxième supposition, l'autre est aussi une partie ou des parties. Et d'après la même supposition, le nombre dénommant *b* est identique au nombre dénommant *c*. Soit alors *d* ce nombre, et que le nombre qui mesure *b* soit *e* et que le nombre qui mesure *c* soit *f*[14]. Le fait est qu'il est nécessaire de poser de tels nombres, comme cela est clair d'après la première supposition.

On argumente ainsi : *e* et *d* sont premiers entre eux, d'après la première supposition, puisque *d* est le dénominateur et *e* le numérateur. De même, *f* et *d* sont premiers entre eux, d'après la même supposition. Donc *e* et *f* sont premiers entre eux, d'après la deuxième partie de la proposition 29 du livre VII qui dit : « si un nombre composé de deux nombres est premier avec chacun d'eux, ils sont aussi premiers entre eux »[15]. Ainsi, *d* est composé de *e* et *f*[16] et est premier avec chacun d'eux, comme cela a été démontré. Donc *e* et *f* sont

12. Il s'agit en fait des propositions 7 et 8 du livre VII : « Si on a deux nombres dont l'un est une partie de l'autre et que l'on retranche des deux cette partie, le reste sera la même partie du reste que le tout du tout ». « Si de deux nombres donnés, dont l'un est des parties de l'autre, sont retranchées ces parties, le reste sera du reste les mêmes parties que le tout du tout » (Campanus, *Elements*, vol. I, p. 237).

13. Voir note 11, p. 82.

14. On a $a = b+c$, avec $b = e/d$ et $c = f/d$.

15. Campanus, *Elements*, vol. I, p. 253.

16. Si $d = e+f$ alors $a = 1$.

premiers entre eux. Mais *b* et *c* sont comme *e* et *f*, d'après la troisième supposition. Donc *b* et *c* sont comme deux nombres premiers entre eux et les plus petits, ce qui est le début de la proposition.

Donc, d'après la première proposition du livre VII et la première proposition du livre X[17], par soustraction de la plus petite quantité *c* à la plus grande *b* et de nouveau par la soustraction du reste au plus petit, etc., on arrivera finalement à quelque chose qui sera comme une unité par rapport à chacune. Et l'unité est une partie de tout nombre, comme l'enseigne une supposition du livre VII[18]. De là, la deuxième partie de la proposition est claire, à savoir que, par une telle soustraction, on arrivera finalement à quelque chose qui sera une partie de chacun des dividendes et du divisé, à savoir de *a*, *b* et *c*, puisque n'importe lequel est comme un nombre, etc.

Quatrième conclusion: Si, entre les premiers nombres d'un rapport, il n'y a pas un nombre ou des nombres en place médiane proportionnels, aucun rapport rationnel n'en est des parties aliquotes.

S'il n'en était pas ainsi, soit A un rapport rationnel tel que le rapport rationnel B en soit des parties aliquotes, et que le reste, qui avec B compose A, soit C. Alors, d'après la deuxième

17. Proposition 1 du livre VII: « Si, d'un plus grand nombre parmi deux nombres, on retranche le plus petit jusqu'à ce qu'il subsiste moins que lui et, ensuite, que l'on retranche du plus petit le reste jusqu'à ce qu'il reste moins que lui et, de nouveau, que l'on retranche du premier reste le deuxième reste jusqu'à ce qu'il subsiste moins que lui, et si, dans cette soustraction continue, il n'y a aucun reste qui mesure le reste précédent jusqu'à l'unité, il est nécessaire que ces deux nombres soient premiers entre eux ». Proposition 1 du livre X: « Si, pour deux quantités inégales données, on retranche plus que la moitié de la plus grande et, de nouveau, si on retranche du reste plus que la moitié, et ainsi de suite, de la même manière, il est nécessaire que, à la fin, la quantité reste plus petite que la plus petite des quantités proposées » (Campanus, *Elements*, vol. I, p. 231 et 306).

18. Il s'agit de l'axiome 4 ajouté par Campanus au début du livre VII: « L'unité est une partie de tout nombre dénommée par lui » (Campanus, *Elements*, vol. I, p. 231).

supposition précédente, C est une partie ou des parties de A[19]. Et quelle que soit la manière dont cela est réalisé, il est nécessaire que C soit un rapport rationnel. Autrement, en effet, A serait composé de B rationnel et de C irrationnel, ce qui est impossible d'après la première conclusion.

C'est pourquoi, si C est une partie de A, et puisqu'il a déjà été prouvé que C est un rapport rationnel, alors un rapport rationnel est une partie de A entre les nombres duquel, à savoir ceux de A, il n'y a aucun nombre médian etc., ce qui est impossible d'après la deuxième conclusion.

Mais si on dit que C est des parties de A, comme B, alors B est plus grand que C ou inversement. En effet, s'ils étaient égaux, chacun serait déjà une partie de A, à savoir la moitié, et non des parties, ce qui est impossible d'après la deuxième conclusion.

Soit donc B le plus grand et C le plus petit. Alors, si le plus petit est soustrait du plus grand et, ensuite, si le reste, dans le cas où il y en a, est soustrait du plus petit autant de fois qu'on le peut etc., on arrivera finalement à quelque chose qui sera une partie de A, une partie de B et une partie de C, d'après la conclusion précédente[20]. Dans tous les cas, la première soustraction ayant été faite, ou bien il y aura un reste, ou bien non. S'il n'y a pas de reste, alors C était une partie de B ; donc C est une partie de A. La dernière conséquence est claire : en effet, à partir du fait que A est composé de B et C, il s'ensuit que, autant de fois C se trouve précisément dans B, autant de fois C se trouve dans A. Et avec cette seule étape, C, pris un certain nombre de fois,

19. On a $A = B \bullet C$, avec $A = R^p$ et $B = R^q$ donc $C = R^{p-q}$. Si p-$q = 1$ alors C est une partie de A, sinon il en est des parties.

20. On applique l'algorithme d'Euclide à B et C en prenant l'opération de composition. On a $B = C^r$ ou $B = C^r \bullet D$, avec $D < C$ (D étant appelé le reste) ; dans ce dernier cas on a $C = D^s$ ou $C = D^s \bullet E$, avec $E < D$; dans ce dernier cas on a $D = E^t$ ou $D = E^t \bullet F$ avec $F < E$, et ainsi de suite. Le processus s'arrête nécessairement au bout d'un nombre fini d'étapes, puisque l'on a supposé que C est des parties de A, c'est-à-dire qu'il existe un rapport R tel que R divise C. Par conséquent, R divise aussi B et il divise A. C'est ce que Nicole Oresme explique dans cette démonstration.

produit précisément A. Par conséquent, il en est une partie. En outre, s'il n'y a aucun reste, alors nous arriverons à quelque chose qui est une partie de chacun des dividendes et du divisé, d'après la doctrine précédente. Et cette partie est C, que nous soustrayons. Donc C est une partie de A. Et il a déjà été démontré que C est un rapport rationnel. Donc un rapport rationnel est une partie de A, ce qui est impossible d'après la deuxième conclusion.

Et s'il y a un reste, que ce soit D. Alors, de la même manière qu'on l'a montré pour C, il faut que D soit un rapport rationnel. Sinon, en effet, le rapport rationnel B serait composé de un ou de plusieurs rapports rationnels égaux à C et du rapport irrationnel D, ce qui est impossible d'après la première conclusion. C'est pourquoi D pourrait être une partie de chacun des dividendes et du divisé, à savoir de A, B et C, de sorte qu'il ne faut pas faire davantage de soustraction. Et si on le concède, ce serait déjà, de nouveau, contre la deuxième conclusion, puisqu'un rapport rationnel serait une partie de A. Si on le nie et que l'on dit qu'il faut de nouveau soustraire, alors, que l'on soustraie D, rationnel, de C, rationnel, autant de fois que l'on peut. S'il n'y a pas de reste, D était une partie de chacun des dividendes et du divisé, ce qui a été rejeté plus haut. Mais s'il y a un reste, il faut, comme auparavant, d'après la première conclusion, que ce soit un rapport rationnel. Sinon, en effet, le rapport C rationnel serait composé d'un rapport rationnel et d'un rapport irrationnel. Et si ce reste est une partie de chacun etc., à savoir de A, B et C, c'est comme auparavant contre la deuxième conclusion. S'il est des parties, qu'elles soient retranchées de D. Il faudra de nouveau que le reste soit un rapport rationnel, comme on pourra toujours le prouver d'après la première conclusion. Et puisque, d'après la conclusion précédente, ce processus de soustractions n'est pas infini, on aboutira à quelque chose qui sera une partie de A etc. Et d'après la première conclusion, on prouvera toujours que ce sera un rapport rationnel. Il faudra finalement accepter qu'un rapport rationnel est une partie de A, ce qui est contre la deuxième conclusion.

On argumente de la même manière si C est posé plus grand et B plus petit.

Ainsi, on voit clairement comment on déduit la quatrième conclusion des trois premières. En effet, grâce à la troisième conclusion, par soustraction continue du plus petit au plus grand, on est arrivé finalement à quelque chose qui est une partie etc. Et pour n'importe laquelle de ces soustractions, on est convaincu par la première conclusion que ce qui reste est un rapport rationnel. Alors, d'après la dernière conclusion, ce reste, qui sera une partie etc., sera un rapport rationnel, ce qui est impossible d'après la deuxième conclusion. Et on a cela en ayant posé qu'un rapport rationnel est des parties aliquotes d'un rapport rationnel entre les premiers nombres duquel il n'y a pas un nombre médian ni des nombres médians. Par conséquent, il est impossible qu'un rapport rationnel soit des parties d'un autre, et c'est ce qui a été proposé.

Afin que l'on puisse le voir plus facilement, on prend un exemple dans les nombres. En effet, si le rapport B est des parties de A, chacun est comme un nombre, d'après la proposition 5 du livre X[21]. Que B soit donc 3/5 de A. Alors, il est nécessaire, d'après la conclusion précédente, que C soit 2/5. C devant être soustrait de B, il reste 1/5, qui est une partie, puisque c'est 1/5 de A. Avec cette partie, on argumente comme précédemment. Ainsi, on n'a rien de plus qu'une seule soustraction[22].

Mais si B est 8/11 de A, alors C sera 3/11. Donc, ayant soustrait C de B autant de fois que l'on peut, il reste 2/11. De nouveau, ce reste étant soustrait de C autant de fois que l'on peut, il reste 1/11, qui est la partie de A à partir de laquelle on argumente comme auparavant[23].

Ainsi, la soustraction est faite deux fois, parfois trois, parfois quatre etc., mais on arrive toujours à quelque chose qui

21. Proposition 5 du livre X : « Le rapport entre deux quantités communicantes quelconques est comme le rapport d'un nombre à un nombre » (Campanus, *Elements*, vol. I, p. 308).

22. On a $A = B \bullet C$ avec $B = D^3$, $C = D^2$ et $A = D^5$. En appliquant l'algorithme d'Euclide, on a $B = C \bullet D$.

23. On a $A = B \bullet C$ avec $B = D^8$, $C = D^3$ et $A = D^{11}$. En appliquant l'algorithme d'Euclide, on a $B = C^2 \bullet D^2$, puis $C = D^3$.

sera une partie, comme cela a été dit. Et on déduit de la première conclusion que c'est un rapport rationnel, alors qu'on a démontré que c'était impossible d'après la deuxième conclusion, comme on l'a vu plus haut.

Il s'ensuit donc que, si un rapport rationnel est des parties d'un autre rapport rationnel, ces parties sont telles que n'importe laquelle est un rapport rationnel. En effet, si on avait des parties dont n'importe laquelle était un rapport irrationnel, comme cela serait nécessaire si ce qui est dit n'était pas vrai, alors, au moyen des soustractions susdites, on arriverait à ce que l'une d'elles soit une partie de la totalité du rapport, ce que l'on démontre comme auparavant. Et cela est contraire à la première conclusion.

Cinquième conclusion : Si on a un rapport entre les premiers nombres duquel il n'y a pas un nombre ou des nombres médians proportionnels, il sera incommensurable à n'importe quel rapport rationnel plus petit que lui et à n'importe quel rapport plus grand qui n'en est pas un multiple.

Chaque partie de la conjonction que forme cette conclusion est démontrée par déduction de l'impossible.

En effet, soit A un tel rapport entre les premiers nombres duquel etc., et qu'il soit commensurable à B plus petit. Alors, chacun d'eux est comme un nombre, d'après la proposition 5 du livre X[24]. Donc B, le plus petit, est une partie ou des parties du plus grand, d'après la proposition 4 du livre VII[25]. Mais que B soit une partie de A est impossible d'après la deuxième conclusion. Et qu'il soit des parties de A est impossible d'après la quatrième. Donc A est incommensurable à n'importe quel rapport plus petit. Ainsi, la première partie de la conclusion est claire, et on parle toujours de rapports rationnels.

La deuxième partie est claire. Soit A un rapport donné et soit C un rapport plus grand que A. Alors, si C est commensurable à A selon un autre rapport qu'un rapport multiple, C

24. Voir note 22, p. 89.
25. Voir note 3, p. 100.

contiendra A une seule fois ou plusieurs fois et avec cela une de ses parties ou quelques-unes de ses parties, comme cela est connu à partir de la définition des rapports dans l'*Arithmétique* de Boèce[26].

Si donc C contient A un certain nombre de fois et une de ses parties, que cette partie soit D. Alors, ou bien D est un rapport irrationnel, et cela est impossible d'après la première conclusion, puisque le rapport C rationnel serait alors composé du rapport rationnel A et du rapport irrationnel D, ou de plusieurs rapports A et du rapport D irrationnel. Ou bien D est un rapport rationnel, et cela, de nouveau, est impossible d'après la deuxième conclusion, puisqu'aucun rapport rationnel n'est une partie de A.

Et si C contient A plusieurs fois et avec cela quelque chose qui soit des parties de A, et que ce soit E, alors, ou bien E est un rapport irrationnel et cela est contre la première conclusion comme auparavant. Ou bien E est un rapport rationnel, et cela est impossible d'après la quatrième conclusion, puisque aucun rapport rationnel n'est des parties de A ni des parties d'un rapport semblable. Ainsi, la deuxième partie est claire, à savoir qu'aucun rapport rationnel plus grand que A n'est commensurable à A selon un rapport qui n'est pas du genre du multiple.

Sixième conclusion : Si un rapport plus grand est un multiple d'un plus petit, comme le double du plus petit, ou le triple etc., il y aura, entre les extrêmes du plus grand, des médians proportionnels selon le rapport plus petit, en nombre égal au nombre de fois que le plus grand contient le plus petit moins un, et il est nécessaire qu'il y ait autant de nombres médians

26. Selon la classification des rapports exposée par Boèce dans son *Arithmétique*, si on compare une grandeur *c* plus grande à une grandeur *a* plus petite, alors ou bien *c* est multiple de *a* (et le rapport de *c* à *a* est dit multiple), ou bien *c* contient *a* une fois et une de ses parties (et on a un rapport superparticulier), ou bien *c* contient *a* une fois et plusieurs parties de *a* (et on a un rapport superpartient) etc. Nicole Oresme applique cela aux rapports C et A considérés comme des grandeurs.

selon le rapport plus petit entre les premiers nombres du plus grand[27].

Soit A le plus grand rapport et B le plus petit. Alors, puisque A est posé multiple de B, A peut être divisé en plusieurs B et cette division est faite selon l'assignation d'un médian ou de médians selon le rapport B. Par conséquent, si on a un médian, A contiendra deux fois B et sera le double de B. Mais si on a deux médians, A est composé de trois B et sera le triple etc., d'après la première définition.

Mais que l'on puisse trouver autant de nombres selon le même rapport entre les premiers nombres du rapport A, on le prouve ainsi : ayant trouvé de tels médians continûment proportionnels selon le rapport B entre des extrêmes de A, que ces médians et ces extrêmes soient posés dans les nombres. Ceci est possible du fait que B est un rapport rationnel, comme l'enseigne la proposition 2 du livre VIII qui est la suivante : « trouver autant de plus petits nombres que l'on veut, proportionnels selon un rapport donné »[28]. Donc le rapport du premier au dernier est composé des rapports intermédiaires, comme cela est clair d'après le commentaire à la définition 11 du livre V et les principes du livre VII[29]. Mais tel est le rapport A qui est composé à partir de plusieurs B. Donc, entre des nombres reliés selon le rapport A, on trouve un nombre médian ou des nombres médians selon le rapport B, et par conséquent, aussi, entre n'importe quels nombres reliés dans le même rapport et entre les premiers et les plus petits nombres de A, d'après la proposition 8 du livre VIII[30]. Et ils sont autant que le nombre de fois que A le plus grand

27. Si un rapport A est un multiple d'un rapport B, A *n*-uple de B, alors il y a, entre les termes du rapport A, *n*-1 médians selon le rapport B, que les termes du rapport A soient les plus petits ou non. Exemple : le rapport octuple est le triple du rapport double. On a deux médians entre les termes du rapport octuple et ces médians sont dans le rapport double. Ainsi, entre les plus petits nombres 1 et 8 on a 2 et 4 ; entre les nombres 2 et 16, on a 4 et 8.

28. Campanus, *Elements*, vol. I, p. 265.

29. Voir note 25, p. 90.

30. Voir note 7, p. 102.

contient B le plus petit, moins un, comme cela a été dit plus haut.

Septième conclusion : Si un rapport plus grand est commensurable à un rapport plus petit et s'il n'en est pas un multiple mais est dans le rapport que l'on veut, il est nécessaire que, entre les premiers nombres du plus petit rapport, il y ait un nombre ou des nombres médians proportionnels et que, entre les premiers nombres du plus grand, il y ait des nombres médians selon ce rapport ou cette proportionnalité selon laquelle il y a un nombre ou des nombres médians entre les premiers nombres du plus petit[31].

En raison de l'équivocité, on doit faire attention qu'un rapport est parfois appelé multiple dans l'absolu, comme le double, le triple, etc., et dans ce cas le nom « multiple » est un genre et les noms « double », « triple », etc., sont des noms spécifiques de rapports. Mais, parfois, le rapport est dit double en comparaison ou en relation à un autre rapport. Ainsi, un rapport qui n'est pas multiple dans l'absolu est multiple comparativement, comme le rapport double sesquialtère est le double du rapport sesquialtère ou double relativement au sesquialtère. Auparavant, j'ai pris « multiple » selon le premier sens ; maintenant, je le prends selon le deuxième sens.

Je dis donc que si un rapport plus grand est commensurable à un plus petit et s'il n'en est pas un multiple, il est nécessaire que les premiers nombres de l'un s'accordent avec les premiers de l'autre quant aux médians, de la manière qui a été dite. Soit par exemple A un rapport plus grand et B un plus petit, qui soient commensurables par hypothèse. Alors A et B sont comme deux nombres, d'après la proposition 5 du

31. Si A est commensurable à B, il y a un rapport D tel qu'il existe entre les termes de A des médians selon le rapport D et entre les termes de B des médians selon D. En effet, comme va le prouver Nicole Oresme, si A est commensurable à B et si A est plus grand que B et n'en est pas un multiple, alors B est des parties de A. C'est-à-dire qu'il existe D tel que D est une partie de A et D est une partie de B. Or A et B se décomposent en rapports égaux à D si et seulement si entre les termes de A et B il existe des médians selon D.

livre X[32]. Donc B est une partie ou des parties de A, d'après la proposition 4 du livre VII[33]. Mais il n'est pas une partie, puisque A serait alors un multiple de B, ce qui est contre l'hypothèse. Donc B est des parties de A. D'où B est des parties de A telles que n'importe laquelle est un rapport rationnel.

On prouve cette dernière conséquence à partir du corollaire à la proposition 4 et elle peut être déduite ainsi : si B est des parties de A, alors le reste qui avec B compose A est semblablement une partie ou des parties de A ayant la même dénomination que B, de sorte que cette partie ou ces parties sont telles qu'est B, d'après les suppositions faites pour la troisième conclusion. Donc, par la soustraction continue du plus petit du plus grand etc., on arrivera à une de ces parties dont on a prouvé qu'elle était un rapport rationnel, d'après la première conclusion. Et cette partie sera une partie de A et de B, comme cela a été démontré dans la quatrième conclusion. Donc B est des parties de A telles que n'importe laquelle de ces parties est un rapport rationnel. Appelons D n'importe laquelle de ces parties. Alors, D est une partie de B et semblablement une partie de A, comme cela a été prouvé. C'est pourquoi B est multiple de D et semblablement A est multiple de D. Donc, entre les premiers nombres de B, il y a un nombre médian ou des nombres médians selon le rapport D et semblablement entre les premiers nombres de A selon le rapport D, d'après la sixième conclusion qui précède immédiatement. Donc les premiers nombres de A et les premiers nombres de B s'accordent, quant aux médians, de la manière qui a été dite plus haut, ce qui était à prouver. Ainsi, entre les nombres du plus grand rapport il y a des nombres médians proportionnels dans le rapport, selon lequel il est nécessaire qu'il y ait un nombre ou des nombres médians entre les premiers nombres du plus petit.

Huitième conclusion : Si on a deux rapports et si, entre les premiers nombres du plus grand, on a un nombre médian ou des nombres médians selon le plus petit rapport ou selon le

32. Voir note 22, p. 89.
33. Voir note 3, p. 100.

rapport selon lequel il y a un nombre ou des nombres médians entre les premiers nombres du plus petit, ces deux rapports seront commensurables. Cette conclusion est presque la converse des deux précédentes.

Soit A un rapport plus grand et B un plus petit. Alors si, entre les premiers nombres de A, on a un nombre ou des nombres médians selon le rapport B, puisque le rapport du premier terme au dernier est composé des rapports intermédiaires, il s'ensuit que A est composé de plusieurs B. Par conséquent, A sera un multiple de B, donc commensurable à B. Et ceci est presque la converse de la sixième conclusion précédente.

Mais si, entre les premiers nombres de A, on a un nombre médian ou des nombres médians, non pas selon le rapport B mais selon un autre rapport selon lequel il y a un nombre médian ou des nombres entre les premiers nombres de B – et que ce rapport soit C –, alors B est composé de plusieurs C. En effet, C est le rapport entre les médians, B est le rapport entre les extrêmes et le rapport des extrêmes est composé des intermédiaires, comme cela a été souvent dit. Donc C est une partie de B. Et pour la même raison C est une partie de A, puisque A a semblablement, entre ses premiers nombres, des nombres médians selon le rapport C. Donc A et B sont commensurables à C. Et C est une mesure commune à chacun d'eux. Donc A et B sont des rapports commensurables, d'après la définition des commensurables donnée au début du livre X[34], comme cela a été démontré. Et cette conclusion est presque la converse de la septième conclusion, puisque, dans ce dernier cas, ils ne seront pas commensurables selon un rapport multiple, mais ils le sont bien dans le premier cas, qui est la converse de la sixième conclusion, comme il a été dit.

On doit noter que, du fait que, entre des nombres, il y a des nombres médians proportionnels, il ne suit pas qu'il y ait, entre ces mêmes nombres, un nombre médian. Au contraire, du fait que, entre ces nombres, il y a seulement deux nombres médians, il suit qu'il n'y a pas un médian entre eux seulement, de même pour quatre ou pour un nombre pair de médians. Et

34. Voir note 23, p. 89.

du fait qu'il y a seulement deux lignes en place médiane proportionnelles selon un rapport rationnel entre deux lignes, il suit qu'il n'y a pas une ligne seulement etc.

Neuvième conclusion : Étant donnés deux rapports, savoir s'ils sont commensurables.

Soit, comme auparavant, A un rapport plus grand et B un plus petit. Exprimons chacun d'eux sous sa forme première, en ses premiers nombres. On pourra le faire grâce à l'algorithme proposé plus loin. Ensuite, voyons si, entre ces nombres ainsi obtenus, il y a un nombre ou des nombres médians proportionnels et voyons combien ils sont et selon quel rapport, comme cela sera clair, du moins en partie, dans l'algorithme qui suit.

Je dis alors, premièrement, que si, entre les premiers nombres de A, le plus grand, il n'y a pas un nombre médian ou des nombres médians, les rapports donnés sont incommensurables, d'après la cinquième conclusion.

Deuxièmement, si, entre les premiers nombres de A, il y a un nombre médian ou des nombres médians selon le plus petit rapport B, alors A sera commensurable à B et il est un multiple de B, d'après la huitième conclusion.

Troisièmement, si, entre les nombres de A, il y a un nombre, etc., mais pas selon le rapport B, alors A ne sera pas un multiple de B, d'après la sixième conclusion.

Quatrièmement, si, entre les nombres de A, il y a un nombre etc., pas selon le rapport B, mais selon un autre rapport selon lequel, entre les premiers nombres de B, il y a un nombre médian etc., A et B seront commensurables, d'après la huitième conclusion.

Cinquièmement, si, entre les nombres de A, il y a un nombre médian etc., pas selon B, ni selon un autre rapport selon lequel il y aurait, entre les premiers nombres de B, un nombre etc., ces rapports seront incommensurables, d'après la septième conclusion.

On a donc presque les cinq propositions partielles selon les cinq membres de la division qui suit.

Un exemple de la première serait le rapport triple et le rapport double. En effet, entre les nombres du plus grand, à savoir du rapport triple, qui sont 3 et 1, il n'y a aucun nombre médian etc. ; je dis donc qu'ils sont incommensurables.

Un exemple de la deuxième serait le rapport quadruple et le rapport double. En effet, entre les nombres du rapport quadruple, qui sont 4 et 1, il y a un médian selon le rapport double, à savoir 2 ; je dis donc qu'ils sont commensurables et le plus grand est multiple du plus petit.

Un exemple de la troisième serait le rapport nonuple et le rapport double. En effet, entre les nombres du plus grand, qui sont 9 et 1, il y a un médian selon le rapport triple, à savoir 3, et non selon le plus petit rapport donné, à savoir le rapport double ; je dis donc que le plus grand n'est pas un multiple du plus petit.

Un exemple de la quatrième serait le rapport octuple et le rapport quadruple. En effet, entre les premiers nombres de chacun d'eux, il y a un médian etc., selon le même rapport, à savoir le rapport double ; je dis donc qu'ils sont commensurables.

Un exemple de la cinquième serait le rapport nonuple et le rapport quadruple. Entre les nombres de n'importe lequel d'entre eux, il y a un médian, mais, puisque ce n'est pas selon le même rapport, mais selon le rapport triple entre les nombres du plus grand et selon le rapport double entre les nombres du plus petit, alors ils sont incommensurables.

En dehors de ces modes, on ne peut imaginer aucun autre mode ou aucune autre disposition, comme cela peut facilement être montré par division suffisante dont n'importe quelle division partielle est faite entre des propositions contradictoires.

La division est la suivante : ou bien entre les nombres de A, il y a un médian, etc., ou bien non (première proposition partielle prouvée d'après la cinquième conclusion). S'il y en a un, ou bien c'est selon B (deuxième proposition partielle prouvée d'après la huitième conclusion), ou bien non (troisième proposition partielle prouvée d'après la troisième conclusion). Si c'est non, ou bien c'est selon un rapport selon lequel, entre les nombres de B, il y a un médian (quatrième proposition partielle prouvée d'après la huitième conclusion), ou bien non (cinquième proposition partielle prouvée d'après la septième conclusion).

Dixième conclusion : Étant donnés deux rapports commensurables, trouver leur rapport.

Si, entre les nombres du plus grand rapport, il y a un médian ou des médians selon le rapport plus petit, le plus grand contiendra le plus petit autant de fois qu'il y a de nombres médians plus une unité, comme cela est clair d'après la première définition et la huitième conclusion. Ceci étant connu, la proposition suit immédiatement.

Mais si, entre les nombres du plus grand, il n'y a pas de médian dans les nombres etc., selon le plus petit rapport, mais qu'il y en a selon un autre rapport selon lequel, entre les nombres du plus petit, il y a un médian ou des médians, alors ce rapport selon lequel, entre les nombres de chacun des rapports, il y a un médian etc. sera une partie de chacun d'eux et sera comme une unité qui produira chacun d'eux, s'il est pris autant de fois qu'il y a de médians entre les nombres de celui dont il est une partie plus une unité, comme cela peut apparaître clairement à partir des conclusions 7 et 8 et des définitions 1 et 2. Prenons le nombre des médians entre les nombres du rapport plus petit et ajoutons une unité. De même, prenons le nombre des médians entre les nombres du plus grand et ajoutons une unité. Je dis que le rapport entre ces rapports sera comme le rapport entre ces nombres[35]. Et on obtiendra le rapport entre les nombres grâce à l'arithmétique[36].

Si les premiers nombres des rapports donnés sont autrement, alors les rapports sont incommensurables, d'après la conclusion immédiatement précédente.

Un exemple de la première partie de la division est le rapport octuple et le rapport double. En effet, entre les nombres du plus grand rapport, qui sont 8 et 1, il y a deux nombres

35. Soient A et B deux rapports, avec A > B, tels que, entre les termes de A, il y a *n* médians selon le rapport C et, entre les termes de B, il y a *m* médians selon le même rapport. On a alors $A = C^{n+1}$, $B = C^{m+1}$ et le rapport entre A et B est le rapport entre m+1 et n+1.

36. C'est-à-dire que l'on pourra identifier ce rapport grâce à la nomenclature de Boèce.

médians, à savoir 4 et 2, selon le plus petit rapport. Ajoutons à ce nombre de médians une unité et on a 3. Je dis que le plus grand rapport contient trois fois le plus petit, donc il lui est triple, ce qui peut être prouvé comme auparavant. De plus, puisqu'il y a quatre termes continûment proportionnels, comme c'est le cas dans l'exemple proposé, le rapport du premier au dernier est le triple du rapport du premier au deuxième etc., d'après la définition 11 du livre V d'Euclide[37]. Et par le même raisonnement, il est clair que le rapport quadruple est le double du rapport double, etc.

Un exemple de la deuxième partie de la division est le rapport 32-uple et le rapport octuple. En effet, entre les premiers nombres du plus grand rapport, qui sont 32 et 1, il y a quatre nombres médians selon le rapport double, comme cela est clair en disposant les nombres de cette manière : 32, 16, 8, 4, 2, 1. Et entre les nombres du plus petit rapport, à savoir du rapport octuple, il y a deux nombres médians selon le même rapport, à savoir le rapport double, comme cela a été dit. Prenons alors le nombre de médians du plus grand rapport, à savoir 4, et ajoutons une unité ; on a 5. De nouveau, prenons le nombre de médians du plus petit avec une unité ; on a 3. Je dis alors que le rapport du plus grand rapport donné au plus petit est comme 5 à 3, et il est comme le rapport superpartient deux tiers[38], 1+2/3. Et semblable est le rapport du rapport de 243 à 32 au rapport de 108 à 32, à savoir du rapport septuple superpartient dix-neuf trente-deuxièmes au rapport triple superpartient trois huitièmes,

37. Voir note 3, p. 80.

38. La nomenclature utilisée par Nicole Oresme pour désigner les rapports superpartients est différente de la nomenclature utilisée traditionnellement à la suite de Boèce. Rappelons qu'un rapport superpartient est un rapport entre une grandeur a et une grandeur b telles que $a = b+(p/q)b$, avec $p < q$. Sa dénomination est $1+p/q$. Selon la nomenclature de Boèce, ce rapport est nommé super-p-partient des q-ièmes. Par exemple, si $p = 3$ et $q = 4$, le rapport est supertripartient des quatrièmes. Pour Nicole Oresme, le rapport de dénomination $1+p/q$ est nommé superpartient p q-ième. Ainsi, il parle de rapport superpartient deux tiers ou de rapport superpartient trois quarts.

c'est-à-dire de 7+19/32 à 3+3/8, comme cela est clair d'après ce qui a été dit etc. Et si tu le veux, tu pourras approfondir ce qui a été dit.

Ici finit la première partie du deuxième chapitre dans laquelle sont contenues dix conclusions dont les trois premières sont au fondement des sept dernières.

Deuxième partie du deuxième chapitre

Dans la deuxième partie de ce chapitre, je pose trois règles pratiques, utiles pour ce qui a été dit auparavant.

La première règle ou conclusion est : Étant donné un rapport, trouver ses premiers nombres.

Tout d'abord il convient d'avoir la dénomination du rapport donné. Je montre la manière de l'obtenir facilement en présentant chaque genre au moyen d'un exemple.

À propos du genre multiple, je dis que la première espèce, à savoir le rapport double, est dénommée par le nombre 2. La dénomination du rapport triple est 3, du rapport quadruple est 4, du rapport quintuple est 5, etc.

Quant au rapport superparticulier, il est dénommé par l'entier ou l'unité et une fraction. Ainsi, le rapport sesquialtère est dénommé par 1+1/2, le rapport sesquitierce par 1+1/3, le rapport sesquiquarte par 1+1/4, le rapport sesquiquinte par 1+1/5, etc.

Le rapport superpartient est dénommé par l'entier ou l'unité et des fractions. Ainsi, le rapport superpartient deux tiers est dénommé par 1+2/3, le rapport superpartient trois cinquièmes par 1+3/5 etc.

Le rapport multiple superparticulier est dénommé par des entiers ou un nombre et une fraction de cette manière : le rapport double sesquialtère est dénommé par 2+1/2, le rapport double sesquitierce par 2+1/3, le rapport triple sesquiquarte par 3+1/4, etc.

Le rapport multiple superpartient est dénommé par un nombre et des fractions. Ainsi, le rapport double superpartient deux tiers est dénommé par 2+2/3, le rapport triple superpartient trois septièmes par 3+3/7.

La dénomination de n'importe quel rapport peut donc être trouvée ainsi. Et on trouvera ses premiers ou ses plus petits nombres de cette manière : tout d'abord, pour les multiples, il n'y a pas de difficulté, puisque le plus petit nombre de n'importe quel rapport multiple est l'unité et le plus grand est sa dénomination. Par exemple, les premiers nombres du rapport double sont 2 et 1, du rapport quadruple 4 et 1, du rapport sextuple 6 et 1, etc.

Cependant, pour les autres genres, on doit agir de cette manière : écrivons d'abord la dénomination du rapport pour lequel on se pose la question à l'aide de ses composantes. Prenons ensuite le dénominateur de la fraction ou des fractions pour le plus petit nombre qui est appelé par certains « le compagnon des racines[39] ». Puis, le même nombre étant multiplié par l'entier ou les entiers posés dans la dénomination, ajoutons au produit le nombre des fractions. On aura alors le plus grand nombre que certains appellent « le chef des racines »[40]. Par exemple, soit le rapport sesquialtère qui s'écrit ainsi : 1+1/2. Puisque 2 est le dénominateur, c'est le plus petit nombre. Donc, après l'avoir multiplié par l'unité, ajoutons-lui le numérateur, à savoir l'unité, et on a 3, le plus grand nombre. Je dis par conséquent que les premiers nombres de ce rapport sont 3 et 2. Autre exemple : soit le rapport donné double superpartient cinq septièmes, qui s'écrit ainsi : 2+5/7. Je dis que 7 est le plus petit nombre. Alors, 7 étant multiplié par 2, on a 14. Ajoutons 5 et on a 19. Je dis alors que les premiers nombres du rapport donné sont 19 et 7.

De là, si on le veut, on peut obtenir les dénominations des rapports de plus petite inégalité, dont n'importe lequel est

39. Ce « compagnon » est lié au « chef des racines » (voir plus bas dans le texte). Ces deux termes sont la traduction des termes latins « *comes* » et « *dux* », que l'on trouve notamment dans l'*Arithmétique* de Boèce (ed. Guillaumin, p. 51, 1, 24, 4). Généralement, on parle du conséquent (*consequens*) et de l'antécédent (*antecedens*) du rapport ou de la fraction.

40. La dénomination d'un rapport numérique est de la forme $n+p/q$. Ses plus petits nombres sont q et $np+q$.

dénommé par une fraction ou des fractions et ces dénominations sont des fractions sous-multiples. Des fractions étant alors obtenues à partir des premiers nombres d'un rapport de plus grande inégalité, ces mêmes nombres sont les premiers nombres correspondants du rapport de plus petite inégalité ; le plus petit est le numérateur et le plus grand le dénominateur.

Par exemple, je veux connaître la dénomination du rapport sous-double. Puisque j'ai déjà que les premiers nombres de rapport double sont 2 et 1, alors la dénomination du rapport sous-double sera 1/2. De même, je veux connaître la dénomination du rapport sous-sesquialtère. Je sais déjà que les premiers nombres du rapport sesquialtère, et semblablement du rapport sous-sesquialtère, sont 3 et 2 ; je dis que la dénomination du rapport sous-sesquialtère est 2/3. De même, je veux avoir la dénomination du rapport sous-triple superpartient sept douzièmes. Alors, d'après ce qui a été dit, je trouve les premiers nombres du rapport triple superpartient etc., qui lui correspondent dans le rapport de plus grande inégalité, et ces nombres sont 43 et 12. Je dis donc que la dénomination du rapport donné est 12/43. Et on doit agir de même pour les autres rapports.

Deuxième règle : Étant donnés deux nombres, savoir si, entre eux, il y a un nombre médian proportionnel.

Si, à partir de la multiplication de l'un par l'autre, on obtient un nombre carré, il y a entre eux un nombre médian qui est la racine de ce carré produit à partir de la multiplication de l'un par l'autre. Ceci peut être prouvé à partir de la proposition 15 du livre VI et de la proposition 20 du livre VII, comme cela est clair dans le commentaire de Campanus à la proposition 20 du livre VII[41]. Prenons toutefois un exemple

41. Proposition 15 du livre VI : « Si on a quatre lignes proportionnelles, le rectangle qui est contenu par la première et la dernière ligne sera égal à celui qui est contenu par les deux autres. Et si ce qui est contenu par la première et la dernière est égal au rectangle contenu par les deux autres, il est nécessaire que les quatre lignes soient proportionnelles » (Campanus, *Elements*, vol. I, p. 213). Proposition 20 du livre VII : « Si on a quatre nombres proportionnels, ce qui est produit à partir du premier multiplié par le dernier sera égal à ce qui est produit à partir du deuxième

comme 8 et 2. Puisque, à partir de la multiplication de l'un par l'autre, on obtient 16, qui est un carré, sa racine, à savoir 4, est le médian entre les nombres donnés.

Cependant, on doit remarquer que si, entre les deux premiers nombres de ce rapport, on trouve un nombre médian, il est nécessaire que l'un et l'autre soient des carrés. Et semblablement, on trouve un nombre médian entre n'importe quels carrés qui se suivent.

De nouveau, par la même règle, on peut savoir si, entre le nombre médian et n'importe lequel des extrêmes, il y a un médian. Donc, si on a autant de nombres continûment proportionnels que l'on veut et si, entre l'un d'entre eux et celui qui le suit, on a un nombre médian, entre n'importe lequel et celui qui le suit, on aura aussi, dans le même rapport, un nombre médian, d'après la proposition 8 du livre VIII[42]. Ainsi, on peut savoir si, entre les nombres donnés, on a trois nombres médians, et de même sept, ou quinze, et ainsi à l'infini, en progressant par les nombres impairs qui sont obtenus à partir de l'addition du nombre de nombres médians avec le nombre qui le suit immédiatement, comme si on voulait trouver quinze nombres médians, on peut en trouver trente et un, s'ils sont trente et un, etc.[43].

Troisième règle : Étant donnés deux nombres, savoir si, entre eux, on a deux nombres médians.

Si on a les deux plus petits ou les premiers nombres d'un rapport et si chacun d'entre eux est un cube, alors on a, entre

par le troisième. Et si ce qui est produit à partir du premier par le dernier est égal à ce qui est produit à partir du deuxième par le troisième, ces quatre nombres sont proportionnels » (Campanus, *Elements*, vol. I, p. 246). Dans son commentaire, Campanus envisage le cas où on a trois nombres proportionnels ; alors le produit des extrêmes est égal au carré du médian.

42. Voir note 7, p. 102.

43. On considère la suite de nombres 3, 3+4 = 7, 7+8 = 15, 15+16 = 31, etc. Nicole Oresme commence par chercher s'il existe un médian *c* entre deux nombres donnés *a* et *b*, puis s'il existe un médian entre *a* et *c* et un médian entre *c* et *b*. On aura alors trois médians, et ainsi de suite.

eux, deux nombres médians qui sont trouvés ainsi : multiplions la racine du plus grand par le carré de la racine du plus petit ; on obtient le plus petit. Multiplions ensuite la racine du plus petit par le carré de la racine du plus grand ; on obtient le plus grand. Mais si l'un n'est pas un cube, il n'y aura pas deux nombres médians entre eux.

On trouve aussi la même chose si chacun est un cube, même si ce ne sont pas les plus petits nombres, et on a cela qu'ils se suivent ou non. Comme exemple de nombres qui se suivent, on a 27 et 8. Prenons la racine du plus grand, à savoir 3, et multiplions-le par le carré de la racine du plus petit, qui est 4 ; on obtiendra 12, le plus petit des nombres médians. Multiplions ensuite la racine du plus petit, à savoir 2, par le carré de la racine du plus grand, qui est 9 ; on obtiendra 18, le plus grand des nombres médians. Nous avons donc les deux nombres médians entre les nombres donnés de cette manière : 27, 18, 12, 8, selon le rapport sesquialtère.

Un autre exemple dans des nombres qui ne sont pas les plus petits et ne se suivent pas : 216 et 8. Multiplions la racine du plus grand, à savoir 6, par le carré de la racine du plus petit, à savoir 4 ; on obtiendra 24, le plus petit des médians. Multiplions ensuite la racine du plus petit, à savoir 2, par le carré de la racine du plus grand, à savoir 36 ; on obtiendra 72, le plus grand des médians. Les quatre nombres sont donc disposés ainsi : 216, 72, 24, 8, et ils sont continûment proportionnels selon le rapport triple.

Ayant trouvé deux médians entre deux nombres extrêmes, on a alors quatre nombres continûment proportionnels. C'est pourquoi, si, entre le premier et le deuxième, on a deux nombres médians selon un certain rapport, comme on peut le savoir par cette règle, il s'ensuit que l'on a la même chose entre le deuxième et le troisième. Donc, entre n'importe quels nombres reliés selon le même rapport, on aura deux nombres médians selon le rapport selon lequel on avait deux médians entre le premier et le deuxième, d'après la proposition 8 du livre VIII[44]. Et comme d'après cette règle on sait si, entre les

44. Voir note 7, p. 102.

nombres donnés, on a deux autres médians et qu'on peut les trouver, par la même règle on peut en trouver huit, s'il y en a huit, et vingt-six et quatre-vingt, et ainsi à l'infini en progressant selon ces nombres dont l'engendrement se fait ainsi : ayant pris la première racine, à savoir 2, prenons le nombre qui le suit, un nombre étant interposé, c'est-à-dire 4, et ajoutons-le au double de cette racine, qui est 4 ; on obtiendra 8, qui sera le deuxième nombre. Pour avoir le troisième, on doit agir de la même manière : prenons 8, puis le nombre qui le suit, un nombre étant interposé, à savoir 10, et ajoutons-le au double de 8, qui est 16 ; on obtiendra 26, qui est le troisième nombre des médians qui peuvent être trouvés par cette règle. Et on doit opérer de même pour la suite[45].

De nouveau, en opérant une seule fois par cette règle et ensuite une seule fois par la règle précédente pour trouver un médian dans n'importe quel intervalle, on saura si on a cinq nombres médians entre les nombres donnés. Et on doit agir une seule fois par cette règle et deux fois par la deuxième, si on en veut onze, une seule fois par celle-ci et trois fois par la deuxième, si on en veut vingt-trois, deux fois par celle-ci et une seule fois par la deuxième, si on en veut dix-sept. Ainsi, en combinant ces deux règles de bien des façons, on trouve si, entre les nombres donnés, on a un nombre médian et ce qu'il est, et si on en a deux, ou trois, ou cinq, ou sept, ou huit, ou onze, ou dix-sept, ou vingt-trois, ou vingt-six, etc., en progressant de cette manière, multiplicativement, selon les différents nombres. Et si on avait une règle générale pour trouver un nombre quelconque de médians proportionnels, cela me plairait.

Cependant, on veut essayer de trouver n'importe quel nombre de médians. Par exemple, on veut savoir si entre *a* et *b* il y a quatre nombres médians selon le rapport C, pour lequel précisément *a* et *b* sont les plus petits nombres. Agissons de cette manière : trouvons six nombres continûment proportionnels

45. La suite du nombre des médians que l'on obtient en cherchant ainsi deux médians entre les termes précédents est $u_{n+1} = u_n+2+2u_n$ ou $u_{n+1} = 3u_n+2$ avec $u_0 = 2$.

selon le rapport C, les plus petits en leur proportionnalité, comme l'enseigne la proposition 2 du livre VIII[46], et que ce soient *d*, *e*, *f*, *g*, *h*, *k*. Alors, d'après la proposition 3 du livre VIII[47], *d* et *k* sont les plus petits. Donc si *d* est *a* et *k* est *b*, entre *a* et *b* il y a quatre nombres médians selon le rapport C.

Et beaucoup de choses dites dans ces règles peuvent être démontrées par l'arithmétique et la géométrie, mais je ne veux pas m'appesantir plus longtemps.

46. Proposition 2 du livre VIII : « Trouver autant de nombres que l'on veut continûment proportionnels, les plus petits dans un rapport donné » (Campanus, *Elements*, vol. I, p. 265).

47. Proposition 3 du livre VIII : « Si autant de nombres que l'on veut proportionnels selon un rapport donné sont les plus petits, on démontre qu'il est nécessaire que les deux extrêmes soient premiers entre eux » (Campanus, *Elements*, vol. I, p. 266).

TROISIÈME CHAPITRE

Dans ce troisième chapitre, j'ajoute quelques résultats plus particuliers au sujet des rapports de rapports pour lesquels on doit poser d'abord quelques suppositions[1].

La première est: Deux nombres dont le plus grand est multiple du plus petit ne sont jamais premiers entre eux, ni les plus petits dans leur rapport. Je la prouve à partir de la définition des nombres premiers entre eux du livre VII d'Euclide[2].

La deuxième est: L'un des premiers nombres de n'importe quel rapport multiple est l'unité. Cette supposition est une conséquence de la première, puisque son opposée conduit à l'opposé de la première, et elle est claire d'après la première règle du deuxième chapitre.

La troisième est: Tout nombre proportionnel en place médiane entre un nombre et l'unité est médian selon un rapport multiple. La raison en est que tout nombre est multiple de l'unité, puisque l'unité est une partie de n'importe quel nombre, comme cela est dit au début du livre VII[3].

La quatrième est: Il n'y a pas de nombre médian proportionnel ni des nombres médians proportionnels entre les

1. Pour une analyse de ce chapitre, voir Sabine Rommevaux, *Théories des rapports (XIIIe-XVIe siècles): réception, appropriation, innovation*, Turnhout, Brepols, à paraître, chapitre 2.

2. Définition 7 du livre VII: « Des nombres sont dits premiers entre eux, qui ne sont mesurés par aucun nombre en dehors de la seule unité » (Campanus, *Elements*, vol. I, p. 237).

3. Définition 15 du livre VII: « La première partie simple d'un nombre est l'unité » (Campanus, *Elements*, vol. I, p. 242).

premiers nombres d'un rapport multiple, si ce n'est selon un rapport multiple. Cette supposition suit de la deuxième et de la troisième.

La cinquième est: L'unité n'est l'un des premiers nombres d'aucun rapport non multiple. Je la prouve comme la troisième, puisque, autrement, un nombre serait multiple de l'unité et le rapport serait alors multiple.

La sixième est: Il n'y a pas de nombre médian ni de nombres médians entre les premiers nombres d'un rapport non multiple selon un rapport multiple, puisque, si le nombre médian était multiple du plus petit et le plus grand multiple du médian, alors le plus grand serait multiple du plus petit et le rapport appartiendrait au genre du multiple.

Notons que, pour parler plus brièvement, je dis que des rapports s'accordent quant aux médians ou les partagent, quand, entre les premiers nombres du plus grand, il y a un nombre médian ou des nombres médians selon le plus petit rapport ou selon un autre rapport selon lequel, entre les premiers nombres du plus petit rapport, il y a aussi un nombre médian ou des nombres médians, comme il a été dit dans la preuve de la conclusion 9 du deuxième chapitre.

Suivent des conclusions.

Première conclusion: Aucun rapport multiple ou du genre du multiple n'est commensurable à un rapport non multiple, c'est-à-dire d'un autre genre, plus petit que lui.

Soit A un rapport multiple, B un rapport non multiple et que B soit le plus petit. Donc, si A est commensurable à B, alors A et B sont comme deux nombres, d'après la proposition 5 du livre X[4]. D'où B, le plus petit, est une partie ou des parties du plus grand, à savoir de A, d'après la proposition 4 du livre VII[5]. Si c'est une partie, alors, entre les premiers nombres de A, il y a un médian ou des médians selon le rapport B, d'après la sixième conclusion du deuxième chapitre. Mais cela est impossible, d'après la quatrième supposition. Mais si B est des

4. Voir note 21, p. 108.
5. Voir note 3, p. 100.

parties de A, alors ils communiquent par les médians, d'après la conclusion 7 du deuxième chapitre. Donc, ou bien entre chaque paire de leurs nombres, il y a un médian etc., selon un rapport multiple, et cela est impossible d'après la sixième supposition, puisque B n'appartient pas au genre du multiple ; ou bien cela arrive selon un autre rapport, et cela est impossible d'après la quatrième supposition, puisque A n'appartient pas au genre du multiple.

Deuxième conclusion : Aucun rapport multiple n'est commensurable à un rapport non multiple plus grand que lui.

Soit A un rapport multiple, B un rapport non multiple plus grand. Alors, s'ils sont commensurables, ou bien B est un multiple de A, et par conséquent, entre les premiers nombres de B, il y a un médian selon le rapport A, d'après la sixième conclusion du deuxième chapitre. Mais cela ne peut pas arriver d'après la sixième supposition. Ou bien B est à A selon un autre rapport et il s'ensuit que A est des parties de B, ce que l'on a prouvé être impossible d'après la quatrième et la sixième suppositions, comme cela a été dit plus haut.

Troisième conclusion : Aucun rapport appartenant au genre du multiple n'est commensurable à un autre rapport qui n'appartient pas au genre du multiple.

Cela est immédiatement clair, puisqu'il n'est commensurable à aucun rapport plus petit, d'après la première conclusion, ni à aucun rapport plus grand, d'après la deuxième. D'où il s'ensuit qu'un rapport multiple ajouté à un rapport multiple fait toujours un rapport multiple, ce qui est clair, puisque la dénomination de n'importe quel rapport multiple est un nombre. Or, si un nombre est multiplié par un nombre, il résulte toujours un entier. Par ailleurs, tout nombre est la dénomination d'un rapport multiple et l'addition d'un rapport à un rapport est obtenue en multipliant la dénomination par la dénomination, comme cela a été dit dans le premier chapitre.

En outre, il suit de ce qui a été dit que, si un rapport du genre non multiple est doublé ou triplé ou répliqué de n'importe quelle autre manière, on n'obtient jamais un rapport appartenant au genre du multiple. Sinon, en effet, il s'ensuivrait qu'un tel rapport serait une partie d'un rapport multiple, ce qui est impossible d'après la première conclusion. Donc si la dénomination d'un rapport non multiple, qui est un nombre avec une fraction ou des fractions ou des nombres avec une fraction etc., est multipliée par elle-même autant de fois que l'on veut, on n'aura jamais précisément un entier.

En outre, il s'ensuit que, si un rapport multiple est composé de plusieurs rapports non multiples, comme le rapport double est composé du rapport sesquialtère et du rapport sesquitièrce, ou s'il est composé d'un rapport multiple et d'autres rapports, comme le rapport triple est composé du rapport double et du rapport sesquialtère, n'importe lequel de ces composants sera incommensurable au composé et les composants seront aussi incommensurables entre eux.

En outre, il est clair qu'un rapport multiple est bien composé de rapports non multiples, mais que jamais un rapport non multiple n'est composé de rapports multiples. Et aucun rapport multiple n'est multiple d'un rapport non multiple.

Quatrième conclusion : Si on a un rapport appartement au genre du multiple et que, entre sa dénomination et l'unité, il n'y a pas un médian ou des médians, ce rapport sera incommensurable à n'importe quel rapport plus petit ou à n'importe quel rapport plus grand qui n'en est pas un multiple et qui n'appartient pas au genre du multiple.

En effet, puisque sa dénomination et l'unité sont ses premiers nombres, comme cela est clair d'après la première règle du deuxième chapitre, et puisqu'il n'y a aucun médian entre eux, ce rapport sera incommensurable à n'importe quel rapport plus petit et à n'importe quel rapport plus grand qui n'en est pas un multiple, d'après la cinquième conclusion du deuxième chapitre. Et aucun rapport n'en est un multiple ou ne lui est commensurable, s'il n'appartient pas au genre du multiple. On a donc la proposition d'après la conclusion précédente.

À partir de là et d'autres résultats, il est clair qu'un rapport entre des rapports n'est pas comme le rapport entre leurs dénominations. En effet, déjà, tous les rapports dont les dénominations sont connues seraient commensurables. Or, assurément, le rapport triple est incommensurable au rapport double et sa dénomination est cependant dans le rapport sesquialtère à la dénomination du rapport double. Le rapport nonuple est le double du rapport triple, le rapport centuple est le double du rapport décuple et le rapport des dénominations n'est cependant pas le même. En outre, seul le rapport quadruple et le rapport double ont ce privilège que le rapport entre ces rapports est le même que le rapport de leurs dénominations ; cela ne se trouve jamais pour les autres rapports.

Cinquième conclusion : Tout rapport appartenant au genre superparticulier est incommensurable à n'importe quel rapport superparticulier et à n'importe quel autre rapport qui n'en est pas un multiple, et il est impossible qu'il[6] soit du genre du multiple.

En effet, pour n'importe quel rapport superparticulier, les premiers nombres diffèrent d'une seule unité, de sorte que le plus grand excède le plus petit d'une seule unité. Et puisque, entre de tels nombres, il n'y a pas de nombre médian, il s'ensuit que, entre les premiers nombres d'aucun rapport superparticulier, il n'y a de nombre médian. Donc, d'après la cinquième conclusion du deuxième chapitre, ce rapport sera incommensurable à n'importe quel rapport plus petit et à n'importe quel rapport plus grand qui n'en est pas un multiple. Mais aucun rapport superparticulier n'est multiple d'un autre, puisque, sinon, il serait déjà commensurable à un rapport plus petit, alors que l'on a démontré le contraire. C'est pourquoi aucun rapport superparticulier n'est commensurable à un rapport superparticulier. De même, aucun rapport multiple n'en est un multiple, puisqu'aucun rapport multiple n'est multiple d'un rapport, si ce n'est d'un rapport multiple, et il n'est commensurable qu'aux rapports multiples, d'après la troisième conclusion de ce chapitre.

6. C'est-à-dire le rapport entre les deux rapports superparticuliers.

Sixième conclusion : Parmi tous les rapports appartenant au genre du multiple, seuls sont commensurables entre eux tous ceux qui sont tels que leurs dénominations, du genre du nombre, se trouvent parmi les nombres qui sont ordonnés proportionnellement et continûment à partir de l'unité, dans une même suite.

Par exemple, soit une telle suite de nombres selon le rapport double commençant à l'unité de cette manière : 1, 2, 4, 8, 16, 32, 64, etc. Semblablement, soit une autre suite selon le rapport triple ordonnée de cette façon : 1, 3, 9, 27, 81, et ainsi de suite à l'infini, et de même pour les autres suites. Prenant l'un de ces arrangements, par exemple le premier, je dis que n'importe quel rapport qui est dénommé par l'un de ces nombres est commensurable à n'importe quel rapport dénommé par un autre de ces nombres, comme le rapport double est commensurable au rapport quadruple, au rapport octuple, et de même pour les autres. Et n'importe quel autre rapport qui n'est pas dénommé par l'un de ces nombres est incommensurable à n'importe lequel de ces rapports, comme le rapport sesquialtère, le rapport triple, etc.

Je dis d'abord que n'importe lequel d'entre eux est commensurable à n'importe lequel etc., puisque les premiers nombres de n'importe lequel d'entre eux partagent les médians avec n'importe quels premiers nombres de n'importe quel autre rapport dénommé par un nombre de cette suite, comme cela apparaît clairement du fait que les premiers nombres de n'importe quel rapport sont la dénomination et l'unité, comme cela a été dit. Donc, d'après la neuvième conclusion du deuxième chapitre, ils sont commensurables.

Mais qu'aucun autre rapport n'est commensurable à l'un d'eux, on le prouve ainsi : sinon, en effet, il en serait un multiple, c'est-à-dire qu'il serait du genre du multiple, d'après la troisième conclusion de ce chapitre. Mais cela est impossible, comme on le montre de cette manière : aucun autre rapport n'est tel que, entre ses premiers nombres, il y a un médian ou des médians selon un rapport dont la dénomination est un nombre de cette suite. Et aucun de ces rapports n'est tel que, entre ses nombres, il y a un médian ou des médians selon un autre rapport que ceux dont la dénomination est un de ceux-là. Donc aucun autre rapport ne partage les médians avec l'un de ceux-là. Donc aucun autre rapport n'est commensurable à l'un d'eux, d'après la neuvième conclusion de deuxième chapitre.

Et on prouve l'antécédent, puisqu'aucun nombre d'une telle suite n'est un nombre d'une autre suite, si ce n'est lorsqu'une suite est une partie de l'autre, comme la suite qui est selon le rapport quadruple est une partie de la suite selon le rapport double, de sorte que n'importe quel nombre de la suite 1, 4, 16 etc., est un nombre de la suite selon le rapport double, à savoir 1, 2, 4, 8, 16, etc. Et aucune dénomination ne reçoit de médian entre elle et l'unité, si ce nombre médian n'est pas un nombre de cette suite. Donc aucune dénomination de l'une de ces suites ne correspond à une dénomination de l'autre suite, si l'une des suites n'est pas une partie de l'autre, comme cela a été dit.

De là, on peut voir que, si un rapport multiple est le double d'un autre, la dénomination du plus grand est le carré dont la racine est la dénomination du plus petit, et inversement. Et si l'un est le triple de l'autre, la dénomination du plus grand est le cube dont la racine est la dénomination du plus petit, et inversement.

En outre, si un rapport multiple est le double d'un autre, ou le quadruple, ou le sextuple, ou l'octuple, et ainsi de suite, les dénominations devant progresser en enlevant les nombres impairs, sa dénomination sera un carré. Mais s'il est le triple d'un autre, sa dénomination sera un cube, et semblablement s'il est le sextuple, s'il est le nonuple, s'il est le duodécuple, et ainsi de suite, continûment, en enlevant toujours deux dénominations. Et il en est de même pour les autres suites, de sorte que si un rapport multiple est le sextuple d'un autre, sa dénomination sera un carré-cube. Ces résultats peuvent facilement être montrés d'après la proposition 8 du livre IX d'Euclide et de sa démonstration[7].

7. Proposition 8 du livre IX : « Si on a des nombres continûment proportionnels commençant à l'unité, le troisième à partir de l'unité sera un carré et ainsi de suite, un nombre étant toujours omis. Le quatrième à partir de l'unité est un cube et ainsi de suite, deux nombres étant toujours enlevés. De même, le septième à partir de l'unité est un carré-cube, et

Septième conclusion : Aucun rapport appartenant à un autre genre que le multiple n'est commensurable à un autre, si le plus grand parmi les premiers nombres du plus grand rapport et le plus grand parmi les premiers nombres du plus petit rapport ne font pas partie des nombres qui sont ordonnés en proportion continue à partir de l'unité dans une même suite ; et de même, en outre, le plus petit du plus grand rapport et le plus petit du plus petit rapport font partie des nombres d'une autre suite de nombres qui sont ordonnés continûment à partir de l'unité. En effet, si les petits nombres se trouvent ainsi continûment, les rapports seront commensurables.

Soit A un rapport plus grand et B un rapport plus petit. S'ils sont commensurables, il est nécessaire qu'ils s'accordent en ce qui concerne les médians, d'après la neuvième conclusion du deuxième chapitre. Donc, ou bien A est un multiple de B, ou bien il est dans un autre rapport à B.

Si on est dans le premier cas, alors, entre les premiers nombres de A, il y a un nombre médian ou des nombres qui, en comptant les extrêmes, sont un certain nombre de petits nombres en proportionnalité selon le rapport B, d'après la sixième conclusion du deuxième chapitre. Donc le plus grand parmi les premiers nombres de A et le plus grand parmi les premiers de B sont dans la même suite de nombres posés en proportion continue à partir de l'unité ; et semblablement le plus petit de A et le plus petit parmi les premiers de B. Cette dernière conséquence peut être prouvée à partir de la proposition 2 du livre VIII d'Euclide[8].

Et si A est à B dans un autre rapport, on doit raisonner de la même manière. Et ces conséquences sont convertibles.

Pour que l'on puisse s'en rendre compte plus facilement, j'ai disposé pour l'exemple une figure ou des suites de nombres. Et si on les examine attentivement avec l'aide des proposi-

ainsi de suite, cinq nombres étant toujours retranchés, un carré-cube suit continûment » (Campanus, *Elements*, vol. I, p. 396).

8. Voir note 28, p. 111.

tions 8, 9, 10 et 12 du livre VIII d'Euclide[9], on peut démontrer plus largement ce qui a été proposé et trouver plus facilement les rapports entre les rapports.

729 486 324 216 144 96 64
243 162 108 72 48 32
81 54 36 24 16
27 18 12 8
3e
9 6 4
2e
3 sesqui 2
1er
1

En effet, on a ici une suite latérale, à gauche, selon le rapport triple, 1, 3, 9, etc. Et comme il a été dit plus haut, n'importe quel rapport multiple dénommé par un de ces nombres est commensurable à n'importe quel rapport dénommé par un autre de ces mêmes nombres et aucun autre rapport n'est commensurable à un rapport dénommé par l'un de ces mêmes nombres. Et je dis la même chose pour la suite de droite qui est selon le rapport double.

Ensuite, on imagine au même endroit une suite de rapports en ses premiers nombres. Le premier est le rapport

9. Proposition 8 du livre VIII, voir note 8, p. 111. Proposition 9 du livre VIII : « Si entre deux nombres premiers entre eux tombent autant de nombres que l'on veut en proportion continue, il est nécessaire qu'entre chacun d'eux et l'unité tombent autant de nombres en proportion continue ». Proposition 10 du livre VIII : « Si entre chacun d'eux et l'unité tombent autant de nombres que l'on veut en proportion continue, il est nécessaire qu'il y en ait autant en proportion continue entre ces deux nombres ». Proposition 12 du livre VIII : « Si chacun des nombres d'une proportion continue est multiplié par lui-même, les nombres qui sont alors produits sont selon une proportion continue. Et si de nouveau les premiers nombres sont multipliés par les produits, alors il est nécessaire que les produits soient aussi en proportion continue » (Campanus, *Elements*, vol. I, p. 270, 271 et 272).

sesquialtère dont les premiers nombres sont le premier après l'unité, dans la suite de gauche, et le premier après l'unité, dans la suite de droite, à savoir 3 et 2. Le deuxième rapport est celui dont les premiers nombres sont 9 et 4, le troisième est celui dont les premiers nombres sont 27 et 8, et ainsi à l'infini, puisqu'on peut imaginer que cette suite peut être augmentée autant que l'on veut.

Je dis alors que le deuxième de ces rapports est le double du premier, le troisième est le triple du premier, le quatrième est le quadruple, etc. Et n'importe lequel d'entre eux est commensurable à n'importe lequel d'entre eux et aucun autre rapport n'est commensurable à l'un d'eux. En effet, tous ces rapports communiquent par leurs médians. Et aucun autre rapport ne communique avec eux, si on n'a pas une suite qui est une partie de cette suite et que, entre les premiers nombres de n'importe quel rapport de cette suite, il y a un médian ou des médians dans les nombres selon le premier rapport de la première suite, à savoir le rapport sesquialtère, et que, entre aucuns de ces nombres, il n'y a un médian selon un autre rapport, si ce n'est un multiple du premier rapport, à savoir du sesquialtère. Et, de la même manière, on peut construire une autre suite de rapports à partir d'autres nombres, suite dans laquelle le rapport sesquitièrce sera le plus bas ou le premier, et on pourra travailler ainsi avec n'importe quel autre rapport non multiple.

Certains résultats peuvent être déduits de cette conclusion et des conclusions précédentes. L'un est que si un rapport non multiple est le double d'un autre, le plus grand des premiers nombres du plus grand rapport sera un carré dont la racine est le plus grand parmi les premiers nombres du plus petit; et je dis la même chose au sujet des plus petits nombres. Inversement, si les premiers nombres des rapports sont ainsi, le plus grand rapport est le double du plus petit. Mais si le plus grand rapport est le triple du plus petit, le plus grand nombre du plus grand rapport sera un cube et semblablement le plus petit, et les premiers nombres du plus petit rapport seront leurs racines, et inversement.

En outre, si un rapport non multiple est le double d'un autre, ses premiers nombres seront tous les deux des carrés, et de même s'il est le quadruple, le sextuple, et ainsi de suite, les nombres progressant selon les pairs, les impairs étant enlevés. Et inversement, si ses premiers nombres sont des carrés, ce rapport sera le double d'un autre rapport rationnel, ou le quadruple, etc., et il sera le double d'un autre. Et si ce ne sont pas des carrés, il ne sera le double d'aucun rapport, ni le quadruple etc., et aucun rapport rationnel ne sera sa moitié, ou son quart, ou sa sixième partie, etc., mais n'importe laquelle de ces parties dénommée par un nombre pair sera un rapport irrationnel.

En outre, si un rapport non multiple est le triple d'un autre rapport, ses premiers nombres sont des cubes, et inversement. On a la même chose s'il est le nonuple d'un autre rapport, ou le duodécuple, etc., deux dénominations étant toujours omises. Inversement, si ses premiers nombres sont des cubes, il sera le triple d'un autre rapport. Et si ce ne sont pas des cubes, il ne sera le triple d'aucun rapport, ni le nonuple, etc., et aucun rapport rationnel ne sera sa troisième partie, ni sa neuvième, ni sa douzième, etc., mais n'importe laquelle de ces parties sera un rapport irrationnel, etc.

Mais si un rapport est, d'un rapport non multiple, un multiple dénommé par un nombre ou par une dénomination d'une autre suite, par exemple le sextuple, alors ses premiers nombres seront à la fois des carrés et des cubes.

On peut avoir les preuves de tous ces résultats et des exemples, à partir de la proposition 8 du livre IX d'Euclide[10] et de sa preuve, et de la figure qui a été décrite plus haut. Et pour ne pas m'attarder là-dessus, je m'arrête ici.

Huitième conclusion : Si, entre les premiers nombres d'un rapport, il y a seulement un nombre médian proportionnel, aucun rapport rationnel plus petit ne lui est commensurable, si ce n'est selon le rapport sous-double, et aucun autre rapport plus grand ne lui est commensurable, si ce n'est selon le

10. Voir note 7, p. 133.

rapport sesquialtère, ou selon un rapport multiple, ou selon un rapport multiple sesquialtère.

Puisque, entre ses premiers nombres, il n'y a qu'un seul nombre médian proportionnel, ce rapport n'est pas divisé en d'autres rapports rationnels, si ce n'est en deux moitiés, d'après la sixième conclusion du deuxième chapitre. Donc aucun rapport rationnel n'en sera une partie, si ce n'est sa moitié, ni des parties, d'après le corollaire de la quatrième conclusion du deuxième chapitre. Ainsi, aucun rapport ne lui sera commensurable, si ce n'est de l'une des manières précédentes. Ceci peut aussi être prouvé à partir de la neuvième conclusion du deuxième chapitre. Par conséquent, n'importe laquelle de ses parties, comme le tiers, le quart, le cinquième, etc. est un rapport irrationnel.

Je dis aussi que si, entre les premiers nombres d'un rapport quelconque, on a deux nombres médians proportionnels et pas plus, aucun rapport plus petit ne lui est commensurable, si ce n'est selon le rapport sous-triple ou selon le rapport sous-sesquialtère ; et aucun rapport plus grand ne lui est commensurable, si ce n'est selon le rapport sesquitièrce, ou selon le rapport superpartient deux tiers, ou selon un rapport multiple, ou selon un rapport multiple sesquitièrce, ou selon un rapport multiple superpartient deux tiers[11]. Et le rapport qui est sa moitié, ou son quart, ou sa cinquième partie, ou sa sixième partie, etc. est irrationnel.

Et si, entre les premiers nombres d'un rapport, il y a trois nombres médians, de nombreux rapports semblables pourront aussi être trouvés, et de même s'il y a quatre médians, ou cinq etc. Ainsi, pour faire bref, selon le nombre de nombres

11. Si entre les premiers nombres d'un rapport A on a seulement deux médians, alors il existe un rapport B tel que $A = B^3$. Donc les seuls rapports qui soient des parties de A sont B et B^2. Le rapport de B à A est sous-triple et le rapport de B^2 à A est sous-sesquialtère (rapport entre 2 et 3). Les rapports plus grands que A et commensurables à A sont les multiples de A (A^n) et les rapports $C = B^4$ et $D = B^5$ et les multiples de C et D. Le rapport entre C et A est le rapport sesquitièrce (rapport entre 4 et 3) ; le rapport entre D et A est le rapport superpartient deux tiers (rapport entre 5 et 3).

médians entre les premiers nombres des rapports, beaucoup de choses peuvent être dites au sujet des rapports, qui peuvent être démontrées à partir de la sixième et de la neuvième conclusions du deuxième chapitre.

À partir ce qui a été dit, il est clair qu'il y a un rapport rationnel double de n'importe quel rapport, et semblablement triple, quadruple, et ainsi de suite selon le genre multiple. Cependant, il n'y a pas de rapport rationnel sous-double de n'importe quel rapport, ou sous-triple etc. Ainsi, en procédant de manière semblable, il n'y a pas de rapport commensurable à n'importe quel rapport selon le rapport sesquialtère, ni selon le rapport sesquitierce, ni selon un rapport multiple superparticulier. Et on doit dire de même pour les autres genres et espèces. Toutefois, un rapport est multiple d'un autre rapport seulement selon une manière déterminée et particulière et il n'est relié à aucun selon un autre rapport, d'après la cinquième conclusion du deuxième chapitre.

De même, pour un certain type de rapports[12], il existe un rapport qui lui est commensurable selon un rapport multiple, selon le rapport sesquialtère, selon le rapport sous-double ou selon un rapport multiple sesquialtère, mais selon aucun autre rapport, comme l'a posé la huitième conclusion de ce chapitre ; et de même pour les autres rapports.

En outre, si une ligne A est le double d'une ligne B, ou si A et B sont reliées selon n'importe quel autre rapport entre les nombres duquel il n'y a pas un nombre médian ni des nombres médians, aucune ligne ni aucunes lignes médianes ordonnées en proportion continue avec A et B ne sont commensurables à l'une ou l'autre, c'est-à-dire ni à A, ni à B. Et si, entre les nombres du rapport de A à B, il y a seulement un nombre médian, il n'y a pas de lignes médianes proportionnellement commensurables à l'une ou l'autre, si ce n'est une seule ; et s'il y a deux médians, il y a deux lignes médianes commensurables, etc. Beaucoup de choses peuvent être comprises à partir de ce qui a été dit plus haut.

12. C'est vrai pour les rapports ayant un seul médian entre leurs termes.

Neuvième conclusion : Aucun rapport appartenant au genre du multiple n'est précisément composé de deux rapports superparticuliers, si ce n'est le rapport double.

Et que le rapport double soit précisément fait de deux rapports superparticuliers est clair, puisqu'il est composé du rapport sesquialtère et du rapport sesquitièrce. Cela est manifeste en ajoutant l'un à l'autre et en multipliant la dénomination de l'un par la dénomination de l'autre, comme cela a été dit dans le premier chapitre. Et l'exemple le montre clairement : le rapport de 4 à 2, qui est double, est composé du rapport de 4 à 3, qui est sesquitièrce, et du rapport de 3 à 2, qui est sesquialtère.

Et on démontre qu'aucun autre rapport multiple n'est ainsi. En effet, de tous les rapports multiples, le rapport double est le plus petit, et de tous les rapports superparticuliers, le rapport sesquialtère est le plus grand, puis on a le sesquitièrce, comme cela est clair d'après la règle citée précédemment : « un rapport est plus grand dont la dénomination est plus grande, et plus petit dont la dénomination est plus petite ». Or on a déjà démontré que le rapport sesquialtère et le rapport sesquitièrce composent précisément le rapport double. Donc deux rapports plus petits ajoutés l'un à l'autre ne pourraient pas donner précisément le rapport double, ni un rapport plus grand que le rapport double. Mais deux autres rapports superparticuliers quelconques sont plus petits, comme deux rapports sesquitièrces, ou deux rapports sesquiquartes, ou un rapport sesquitièrce et un rapport sesquiquarte, à l'exception de deux rapports sesquialtères à partir desquels aucun rapport multiple n'est précisément produit. Par ailleurs, le double d'un rapport sesquialtère, bien qu'il soit plus grand que le rapport double, comme cela est clair à partir de l'addition de l'un à l'autre, est cependant plus petit que n'importe quel autre rapport multiple. Donc, il est clair qu'aucun rapport multiple, à l'exception du rapport double, n'est composé de deux rapports superparticuliers, ce qui était à démontrer.

Si quelqu'un a considéré avec attention les choses précédentes et s'il est suffisamment versé en géométrie et en astrologie, il pourra trouver beaucoup de choses au sujet des rapports sur lesquelles je ne veux pas m'appesantir plus longtemps.

Finalement, je pose une autre conclusion qui semble découler des précédentes et dont le grand intérêt apparaîtra clairement dans ce qui suit, par la grâce de Dieu. Et on l'admirera d'autant plus que l'on réfléchira plus intensément à cette conclusion et à celles qui suivent. La conclusion est celle-ci.

Dixième conclusion : Étant donnés deux rapports inconnus, il est vraisemblable qu'ils soient incommensurables, puisque, si l'on se donne plusieurs rapports inconnus, il est très vraisemblable qu'il y en ait un qui soit incommensurable à un autre[13].

Comme on l'a vu dans le premier chapitre, il y a trois types de rapports. En effet, certains sont des rapports rationnels et d'autres sont irrationnels ayant des dénominations, c'est-à-dire commensurables à des rapports rationnels. Et il y a peut-être un troisième type, à savoir des rapports irrationnels qui n'ont pas de dénomination du fait qu'ils ne sont commensurables à aucun rapport rationnel.

Soient donc deux rapports inconnus. Ou bien chacun des deux est rationnel, c'est-à-dire du premier type, et on argumente ainsi : parmi un nombre quelconque de rapports rationnels quelconques formant une suite de dénominations ou plusieurs suites, il y en a beaucoup moins qui sont commensurables entre eux et beaucoup plus qui sont incommensurables. Donc, étant donnés deux rapports inconnus parmi ceux-là, il est vraisemblable qu'ils soient incommensurables.

On démontre l'antécédent. En effet, prenons, selon la suite de leurs dénominations, cent rapports appartenant au genre du multiple, comme le rapport double, le rapport triple, le rapport quadruple, le rapport quintuple etc., jusqu'au rapport 101-uple. Et qu'ils soient comme cent termes comparés entre eux. Alors, entre ces termes ou ces rapports, n'importe lequel devant être comparé à n'importe lequel, il y a quatre mille neuf cent cinquante rapports qui sont des rapports de rapports, et parmi eux, vingt-cinq sont des rapports rationnels,

13. Voir notre introduction, p. LVII.

et pas plus, et tous les autres sont irrationnels, comme je le montrerai plus loin. Et si on prend plus de rapports rationnels considérés comme des termes, par exemple deux cents ou trois cents, et si l'on prend leurs rapports, le rapport entre les rapports irrationnels et les rationnels sera encore beaucoup plus grand. Et si on prend des rapports dans un autre genre que le multiple, ceux qui sont commensurables seront encore moins nombreux. Et bien plus, tous les rapports superparticuliers sont incommensurables entre eux, comme cela est apparu clairement plus haut. Et si on prend un rapport d'un genre et un rapport d'un autre genre, ceux qui sont commensurables entre eux seront encore beaucoup moins nombreux, puisque, comme cela est clair d'après la troisième conclusion de ce chapitre, tous les rapports appartenant au genre du multiple sont incommensurables aux autres. Par exemple, le rapport décuple n'est commensurable à aucun rapport rationnel avant le rapport centuple, le rapport septuple n'est commensurable qu'à un seul rapport rationnel avant le rapport centuple, le rapport duodécuple à aucun, et le rapport trédécuple à aucun, etc. Donc, si on prend tous les rapports multiples avant le rapport centuple, aucun n'est commensurable à un rapport rationnel plus petit que le rapport centuple, à l'exception de seize d'entre eux, comme on le verra plus loin. Ainsi, l'antécédent est clairement établi et toutes les conclusions de ce chapitre qui se trouvent avant la neuvième servent à sa démonstration.

Maintenant, je montre la conséquence principale. Nous voyons, en effet, dans les nombres, que, étant donné un nombre quelconque de nombres quelconques pris dans une suite, le nombre de nombres parfaits ou de cubes est beaucoup plus petit que le nombre des autres, et plus on en prend, plus grand est le rapport des non-cubes aux cubes, ou des non-parfaits aux parfaits. C'est pourquoi, si on a un nombre au sujet duquel on connaît peu de chose, dont on ignore combien il peut être, et s'il est grand ou petit, comme le nombre de toutes les heures qui se seront écoulées avant l'antéchrist, il sera vraisemblable qu'un tel nombre ne soit pas un cube. Cela arrive aussi dans les jeux ; si on cherche à savoir à propos d'un nombre caché s'il est un cube ou non, il est plus prudent de répondre que non, puisque cela semble plus probable et plus vraisemblable.

Or, à ce propos, il en est des rapports de rapports rationnels comme des nombres, comme cela a été montré auparavant, puisque les rapports irrationnels sont beaucoup plus nombreux que les autres au sens qui a été dit plus haut. En outre, si quelqu'un avait considéré cela avec attention, il aurait trouvé que parmi les rapports de rapports rationnels les plus rares sont en général ceux qui sont rationnels, comme sont les nombres cubiques dans la multitude des nombres. C'est pourquoi, si on s'interroge à propos d'un rapport de rapports inconnu, il est vraisemblable qu'il soit irrationnel et que les rapports dont il est le rapport soient incommensurables, et on a cela, si les rapports du rapport inconnu au sujet duquel on s'interroge sont rationnels.

Si, par hasard, les rapports proposés sont du deuxième type, c'est-à-dire que ce sont des rapports irrationnels ayant des dénominations et, par conséquent, commensurables à des rapports rationnels, on prouvera la même chose ainsi. Soient A et B, alors je pose que A est commensurable à un rapport rationnel duquel il reçoit sa dénomination, et que ce soit C. Et semblablement, B est commensurable à un rapport rationnel duquel il reçoit sa dénomination, et que ce soit D. De plus, si C et D sont incommensurables, A et B sont incommensurables. On le prouve d'après le commentaire à la proposition 8 du livre X[14] : en effet, il s'ensuit que, si A est commensurable à C et que C est incommensurable à D, alors A est incommensurable à D. De plus, A est incommensurable à D et D est commensurable à B, donc A est incommensurable à B. C'est pourquoi, il est clair que, si C et D sont incommensurables, A et B sont incommensurables. Mais il est vraisemblable que C et D, qui sont des rapports rationnels, soient incommensurables, comme cela a été prouvé plus haut. Donc il est vraisemblable que A et B soient incommensurables, ce qui était à prouver maintenant.

Si, par hasard, ils étaient du troisième type de rapports, si on avait des rapports tels qu'ils n'auraient pas de dénomination, on doit encore estimer et il est vraisemblable qu'il en soit pour ceux-là comme pour les autres quant à ce qui nous

14. Voir note 1, p. 99.

occupe, à savoir que parmi les rapports de tels rapports, les rapports rationnels soient plus rares que les irrationnels. Donc il serait vraisemblable que les rapports proposés soient incommensurables.

Et si, par hasard, l'un est d'un type et l'autre d'un autre type, alors on argumente ainsi : dans n'importe quel type pris isolément, les rapports commensurables entre eux sont plus rares que les autres, donc on aura la même chose dans la multitude totale des rapports.

Une conséquence cumulée[15] a été reconnue à partir de ces modes, et l'antécédent a été démontré plus haut. Or, de l'antécédent, suit ce qui a été proposé, donc aussi du conséquent.

On argumente maintenant sur un cas particulier. Si A était du premier type et B du deuxième, puisque par conséquent B serait commensurable à un rapport du premier type – que ce soit C –, alors, de plus, B serait commensurable à C et C serait incommensurable à A. Donc B serait incommensurable à A. La conséquence est claire d'après le commentaire à la proposition 8 du livre X. Et l'antécédent est vraisemblable, puisque la première partie est vraie par hypothèse et que la deuxième partie est vraisemblable, comme cela a été démontré plus haut. Donc la conclusion est vraisemblable.

C'est pourquoi il est clair que deux rapports inconnus étant donnés, qu'ils soient rationnels ou non, il est vraisemblable qu'ils soient incommensurables, comme cela a été proposé tout d'abord. Donc, si on propose plusieurs rapports, il est plus vraisemblable que l'un soit incommensurable à un autre, ce qui a été proposé dans un deuxième temps. Et plus ils sont nombreux, plus on doit croire que l'un est incommensurable à un autre. En effet, si un rapport de rapports étant proposé il est vraisemblable qu'il soit irrationnel, plusieurs étant proposés il est plus vraisemblable qu'il y en ait un qui soit irrationnel, comme on peut le montrer dans l'exemple des nombres cubiques.

Dans la preuve de la conclusion précédente, il a été dit que, si on prend cent rapports selon une suite dans le genre du multiple

15. C'est-à-dire qu'elle regroupe l'ensemble des cas.

en commençant par le rapport double, parmi eux on trouve quatre mille neuf cent cinquante rapports de rapports en les comparant entre eux. Et je pose cette conclusion pratique pour le prouver.

Onzième conclusion : Étant donné autant de termes que l'on veut de même genre, dont tous sont inégaux, trouver combien il y a de rapports entre eux, en comparant n'importe lequel d'entre eux à n'importe lequel.

Le nombre primitif de termes donnés doit être pris et doit être multiplié par le nombre plus petit le plus proche, c'est-à-dire par le nombre qui le précède immédiatement. Le nombre produit est le nombre des rapports des termes posés auparavant, nombrant les rapports de plus grande inégalité et les rapports de plus petite inégalité[16]. Et si on veut avoir précisément les rapports de plus grande inégalité, prenons la moitié de ce nombre produit et on aura le résultat cherché, comme je l'ai fait dans la preuve de la conclusion précédente, puisqu'il était question de rapport de rapports de plus grande inégalité. Or on a écarté les autres rapports dans le premier chapitre, puisque leur rapport est tout à fait comme le rapport des rapports de plus grande inégalité qui leur correspondent. Par conséquent, je ne veux parler maintenant que des rapports de plus grande inégalité, dont parlent toujours les auteurs, puisque leur nombre est le même que le nombre des autres rapports.

Soient donc, par exemple, quatre termes. En multipliant 4 par 3, on obtient 12, le nombre total de rapports dans chacune des inégalités, dont la moitié ou le sous-double est 6, le nombre des rapports de plus grande inégalité entre les termes donnés. Autant de lignes peuvent être tracées entre quatre points posés séparément, A, B, C, D. Quatre choses peuvent aussi être combinées par paires en autant de manières. Et on doit procéder de même si sont proposés plus de choses, de points, ou de termes.

Pour trouver le nombre de combinaisons des lignes ou des rapports, un autre exemple est celui qui a été posé dans

16. Si l'on a n termes, le nombre de rapports est $n(n\text{-}1)$.

la conclusion précédente, à savoir, dans sa démonstration : « soient alors cent rapports comme cent termes ». En multipliant ce nombre, à savoir 100, par le nombre immédiatement précédent, à savoir par 99, on obtiendra 9900. Je prends la moitié de ce produit, à savoir 4950, et j'aurai le nombre des rapports de plus grande inégalité entre les cent rapports.

Et si ces cent rapports appartiennent au genre du multiple et sont pris selon une suite, comme il a été dit plus haut, à savoir le rapport double, le triple, le quadruple, le quintuple, etc., et si ces quatre mille neuf cent cinquante rapports sont leurs rapports, je montre que parmi ces quatre mille neuf cent cinquante rapports, vingt-cinq sont rationnels et pas plus et tous les autres sont irrationnels[17]. Je prends d'abord le rapport double, le quadruple, l'octuple, le sédécuple, le 32-uple et le 64-uple. Ces six rapports sont commensurables entre eux et aucun autre rapport rationnel, avant le 101-uple, n'est commensurable à l'un d'eux, d'après la sixième conclusion de ce chapitre. Nous multiplions donc 6 par 5, nous prenons la moitié du produit et nous aurons 15; ceci est le nombre des rapports entre ces rapports. Et ces quinze rapports de rapports sont rationnels.

En outre, les rapports triple, nonuple, 27-uple, 81-uple sont commensurables entre eux et aucun autre n'est commensurable à l'un d'eux, d'après la même sixième conclusion de ce chapitre. Or on a quatre rapports et en procédant comme auparavant nous trouverons six rapports rationnels entre ces rapports. Par ailleurs, si nous prenons les rapports quadruple, sédécuple etc., il a été dit à leur sujet que cette suite est une partie de la première. Quant aux rapports quintuple et 25-uple, ils sont commensurables et aucun autre rapport avant le rapport 101-uple n'est commensurable à eux; ils forment donc un seul rapport rationnel de rapports. Enfin, les rapports sextuple et 36-uple nous donnent un autre rapport rationnel de rapports, les rapports septuple et 49-uple un autre; pour les rapports octuple et nonuple, on l'a déjà dit; et les rapports décuple et centuple donnent un autre rapport de rapports. La somme

17. Voir notre introduction, p. LVII.

totale est 25. Et puisqu'aucun autre rapport que les rapports précédents, comme le undécuple ou le duodécuple, etc., n'est commensurable à l'un des rapports avant le 101-uple, comme cela est clair d'après la sixième conclusion, il est manifeste qu'il y a seulement dix-huit rapports dont n'importe lequel est commensurable à un rapport rationnel avant le 101-uple. Et si n'importe lequel de ces dix-huit rapports était commensurable à n'importe lequel de ces rapports, nous aurions cent cinquante-trois rapports de rapports rationnels. Mais puisqu'il n'en est pas ainsi, mais que les six premiers sont commensurables entre eux, que les quatre autres sont commensurables entre eux et incommensurables aux premiers, et ainsi de suite, alors il y a seulement vingt-cinq rapports rationnels parmi les quatre mille neuf cent cinquante rapports de rapports dont il était question, et les autres sont tous irrationnels. Donc le rapport de ces irrationnels aux rationnels est comme de 197 à 1.

Pour la conclusion auxiliaire posée plus haut, il a été donné une règle, mais je donne une autre règle à l'aide de laquelle on trouve aussi le nombre des rapports entre un nombre quelconque de termes donnés.

Soit donc un nombre donné de termes *a*. Alors, si *a* est un nombre pair, retranche-lui 2, multiplie *a* par la moitié du reste, et ajoute au produit la moitié de *a*. On aura le résultat cherché. Mais si *a* est impair, retranche-lui 1, multiplie *a* par la moitié du reste et le nombre produit sera le nombre des rapports ou des combinaisons de termes, ou de lignes si les points proposés étaient posés séparément[18].

Premier exemple : soit 8 le nombre de termes. Retranchons 2, il reste 6 dont la moitié est 3, par laquelle on multiplie 8 et on a 24, auquel on ajoute la moitié de 8 et on aura 28, qui est le nombre cherché.

Deuxième exemple : soient sept termes. Retranchons 1, il reste 6 dont la moitié est 3 par laquelle on multiplie 7, et on obtiendra 21, le nombre qui est cherché.

18. Le nombre de rapports de plus grande inégalité est $a(a\text{-}2)/2+a/2$ ou $a(a\text{-}1)/2$.

À partir de ces deux règles, qui poursuivent le même but, puisqu'on aurait la même chose par l'une ou par l'autre, il s'ensuit que le nombre total des rapports dans une inégalité, ou des combinaisons de termes ou de lignes entre des points posés séparément ne peut pas être un autre nombre que ceux qui sont posés dans cette suite : 1, 3, 6, 10, 15, 21, 28, 36 etc. Et cette suite est composée et est étendue au delà, comme l'on veut, de cette manière : premièrement et, pour le premier nombre, on pose l'unité, auquel on ajoute 2 et on aura le deuxième de ces nombres, auquel deuxièmement on ajoute 3 et on aura le troisième terme, auquel on ajoute 4 et on aura le quatrième terme, auquel on ajoute 5 et on aura le cinquième terme, et ainsi de suite. Ainsi, la première différence est 2, l'autre 3, l'autre 4, l'autre 5, et ainsi de suite selon la suite des nombres. Pour aucuns termes le nombre total des rapports ou des combinaisons etc., n'est 2 ou 4, ou 5, ou 7, et ainsi de suite, en progressant selon d'autres nombres que ceux qui ont été posés. Et je dis la même chose pour les lignes faites entre des points posés séparément, mais telles que trois points ne sont jamais sur une même ligne droite.

QUATRIÈME CHAPITRE

Je vais démontrer dans ce quatrième chapitre quelques propositions au sujet des mouvements pour lesquelles, auparavant, des suppositions doivent aussi être énoncées.

La première est celle-ci : La rapidité suit du rapport de la puissance motrice au mobile ou à sa résistance. D'où le rapport d'une rapidité à une autre est comme le rapport du rapport de la puissance de l'un des moteurs à son mobile au rapport de la puissance[1] de l'autre moteur à son mobile.

Cette supposition est claire d'après Aristote, dans le deuxième livre du traité *Du ciel*, et d'après le Commentateur dans le même livre et dans les quatrième et septième livres de la *Physique*.

Deuxième supposition : Un rapport composé d'un plus grand rapport et d'un plus petit est plus petit que le double du plus grand rapport et est plus grand que le double du plus petit[2].

Ceci est généralement vrai pour n'importe quelle quantité.

Troisième supposition : Toutes les puissances qui peuvent mouvoir un même mobile ou des mobiles égaux avec une rapidité égale sont égales.

Quatrième supposition : Quelle que soit la grandeur sur laquelle peut agir une puissance, n'importe quelle puissance qui lui est égale peut agir sur la même grandeur et sur n'importe quelle grandeur qui lui est égale.

1. Il y a « proportionis » dans le texte, que l'on corrige en « potentie ».
2. Si $A = B \bullet C$, avec $B > C$ alors $B^2 > A > C^2$.

Cinquième supposition : Toute partie dont le tout est précisément le double est égale au reste. Celle dont le tout est plus grand que le double est plus petite que le reste. Et celle dont le tout est plus petit que le double est plus grande que le reste.

Sixième supposition : Si une partie est commensurable à son tout, elle sera aussi commensurable au reste qui compose avec elle le tout. Et si elle est commensurable au reste, elle sera aussi commensurable au tout.

Cela est clair du fait qu'une telle portion sera une partie aliquote ou des parties aliquotes de son tout, d'où il suit qu'elle est commensurable au tout. Donc la dénomination d'une telle partie sera la même que la dénomination du reste, comme cela est clair d'après une supposition faite dans la preuve de la troisième conclusion du deuxième chapitre. C'est pourquoi le reste sera commensurable à une telle partie, donc aussi au tout, d'après la proposition 8 du livre X[3].

Septième supposition : Si une partie est incommensurable à son tout, elle sera incommensurable au reste.

Soit A un tout, B la partie retranchée et C le reste. Alors, on argumente ainsi : si B et C sont commensurables, A sera commensurable à chacun. Donc, si A n'est pas commensurable à chacun, ils ne sont pas commensurables. La conséquence est claire par destruction du conséquent et l'antécédent est clair d'après la première partie de la proposition 9 du livre X qui dit ceci : « si on a deux quantités commensurables, le tout fabriqué à partir d'elles sera aussi commensurable à chacune d'elle »[4]. Donc, si B est incommensurable à A, il sera semblablement incommensurable à C.

Huitième supposition : Le rapport du tout à l'une de ses parties étant connu, on peut connaître le rapport de cette partie ou de cette portion au reste et aussi le rapport du tout au reste.

En effet, si le rapport du tout à cette portion est rationnel, cette même portion et le reste sont dénommés par le même nombre et le rapport d'une telle portion au reste est comme le

3. Voir note 1, p. 99.

4. Campanus, *Elements*, vol. I, p. 311.

numérateur au numérateur. Mais le rapport du tout au reste est comme le rapport du dénominateur du reste à son numérateur. Ces résultats sont clairs d'après les trois suppositions faites à la troisième conclusion du deuxième chapitre.

Soit A un tout, B une portion et C le reste, et que le rapport de A à B soit connu et que ce soit le rapport triple. Alors B sera 1/3 de A, donc C sera 2/3. Donc le rapport de B à C sera comme de 1 à 2, c'est-à-dire que ce sera le rapport sous-double. Et le rapport de A à C sera comme de 3 à 2, c'est-à-dire que ce sera le rapport sesquialtère.

On a aussi cette supposition à partir des quatrième et cinquième conclusions du deuxième livre du traité *Sur les nombres donnés*. La quatrième conclusion est la suivante : « Si on a un rapport donné d'un tout à ce qui lui est retranché, le rapport du reste à ce qui est retranché sera aussi donné ; et si le rapport du reste à ce qui est retranché est donné, le rapport du tout à ce qui est retranché sera aussi donné en même temps ». La cinquième conclusion est la suivante : « Si le rapport du tout à ce qui est retranché est donné, le rapport du tout au reste sera aussi donné »[5]. Et on entend par « rapport donné » un rapport dont la dénomination est connue, comme on l'a fait au début du premier livre. Donc, à partir de la première partie de la quatrième conclusion et de la cinquième, il est clair que la huitième supposition de ce chapitre est vraie.

La neuvième et dernière supposition est la suivante : Le rapport de deux quantités étant donné et l'une d'elles étant connue, l'autre pourra être connue.

Ce que je dis au sujet des quantités, la deuxième conclusion du deuxième livre du traité *Sur les nombres donnés* le pose au sujet des nombres. Cette conclusion est la suivante : « si on a un rapport donné entre un nombre donné et un nombre, il s'ensuit que ce dernier est aussi donné[6] », donné, à savoir connu. Et puisque deux quantités quelconques sont comme deux nombres, comme cela est clair d'après la proposition 5 du

5. Jordanus, *De numeris datis*, éd. Hughes, p. 71.
6. Voir note 33, p. 93.

livre X d'Euclide[7], on pourra dire la même chose des nombres et des quantités commensurables quelconques.

Toutefois, on démontre cette supposition : Soient, en effet, A et B deux quantités dont le rapport est connu, et qu'il soit sesquialtère. Que A soit une quantité connue, et que ce soit 9 pieds. Je dis que B sera 6, et je l'obtiens de cette manière. Je prends les premiers nombres du rapport donné, qui sont 3 et 2, et je dis que comme 3 est à 2, ainsi 9 est à 6, à savoir A est à B. Alors, d'après une règle commune, je multiplie le deuxième par le troisième, à savoir 2 par 9, je divise le produit par le premier, à savoir 3, et j'obtiens le quatrième, à savoir B, qui ainsi sera connu et sera 6. Cette règle est répandue et démontrée partout.

Première conclusion. Les règles suivantes sont fausses : Si une puissance meut un mobile avec une certaine rapidité, une puissance double[8] mouvra le même mobile avec une rapidité double ; et celle-ci : Si une puissance meut un mobile, la même puissance pourra mouvoir un mobile deux fois moindre deux fois plus rapidement[9].

La fausseté de la première règle est évidente : soit B une puissance qui meut un mobile C avec une certaine rapidité, et soit A une puissance double. Si le rapport de B à C est double, il s'ensuit bien que le rapport de A à C sera le rapport de B à C doublé, d'après la troisième remarque du premier chapitre. Donc, jusqu'ici, il s'ensuit tout à fait bien que la rapidité avec laquelle A meut C est le double de la rapidité avec laquelle B meut C, d'après la première supposition, puisque le rapport des rapidités est comme le rapport des rapports.

Mais attention, si le rapport de B à C est plus petit que le rapport double, puisque le rapport de A à B est par hypothèse le rapport double, il s'ensuit que le rapport de A à C sera plus grand que le rapport double relativement au rapport de B à C, d'après la deuxième supposition. En effet, il est composé

7. Voir note 22, p. 89.

8. « Double » doit s'entendre ici au sens usuel de « multiplié par 2 ».

9. Voir notre introduction, p. XLVII.

du rapport de B à C, plus petit que le rapport double, et du rapport de A à B, plus grand. Donc A mouvra C plus que deux fois plus rapidement que B mouvait C, d'après la première supposition.

En outre, si le rapport de B à C est plus grand que le rapport double et que le rapport de A à B donné est le rapport double, il s'ensuit que le rapport de A à C sera relativement au rapport de B à C plus petit que le double, d'après la deuxième supposition. Donc A mouvra C avec une rapidité plus petite que le double de la rapidité avec laquelle B meut C, d'après la première supposition.

Par exemple, que A soit comme 8 et B comme 4. Alors, si le rapport de B à C est comme le rapport de A à B, de sorte que C soit 2, le rapport de A à C sera le rapport de B à C doublé. Donc la rapidité sera aussi doublée. Mais si le rapport de B à C est plus petit que le rapport double, de sorte que C soit 3, le rapport de A à C sera plus que le rapport de B à C doublé. Donc la rapidité sera plus que doublée. Et si le rapport de B à C est plus grand que le rapport double, de sorte que C soit l'unité, alors le rapport de A à C, et aussi la rapidité, seront moins que doublés.

Donc il est clair que de la duplication de la puissance ne suit pas la duplication de la rapidité, si ce n'est dans un seul cas, à savoir lorsque la première puissance est posée double du mobile. Donc la règle est fausse, puisque, du fait que c'est une conditionnelle, elle doit être nécessaire, et l'antécédent ne doit pas pouvoir être vrai sans le conséquent; or la vérité du conséquent n'est pas compatible avec la vérité de l'antécédent, sauf dans un cas.

La fausseté de la deuxième règle peut être démontrée selon le même principe, puisque, si une puissance meut un mobile avec une certaine rapidité, la même puissance ne mouvra pas un mobile deux fois moindre deux fois plus rapidement, si ce n'est lorsque la première rapidité provient d'un rapport double ; mais parfois la puissance qui le meut deux fois plus rapidement est précisément la moitié de la première, parfois elle est plus grande que la moitié, parfois plus petite.

Par ailleurs, j'argumente contre cette deuxième règle ainsi: si elle était vraie, il s'ensuivrait que n'importe quelle puissance, aussi faible qu'elle soit, pourrait mouvoir n'importe quel mobile, quelle que soit sa résistance. Que l'on prenne une puissance A qui puisse mouvoir C. Soit D un mobile double de C, soit E un autre mobile double de D, F double de E, G double de F, et ainsi de suite. Alors, on prouve cette conséquence : A peut mouvoir C, donc il peut mouvoir D. Et semblablement, il sera prouvé : A peut mouvoir D, donc A peut mouvoir E. Et semblablement, elle peut mouvoir E, donc elle peut mouvoir F, et ainsi de suite. Soit alors une puissance B qui peut mouvoir D deux fois plus lentement, précisément, que A meut C, comme cela est possible. Alors, si la règle était vraie, B pourrait mouvoir C deux fois plus rapidement que ce même B peut mouvoir D. En effet, C est dans le rapport sous-double relativement à D, donc il est sa moitié. Par conséquent, B peut mouvoir C précisément aussi rapidement que A peut mouvoir C, puisque A meut C deux fois plus rapidement que B meut D, et B meut C deux fois plus rapidement que B mouvait D. Donc A et B peuvent mouvoir C à la même rapidité, d'après la proposition 9 du livre V : « si deux quantités ont le même rapport relativement à une troisième, elles sont égales »[10]. Donc, d'après la troisième supposition, A et B sont des puissances égales. Mais B peut mouvoir D par hypothèse. Donc, d'après la quatrième supposition, A peut mouvoir D, ce qui était à démontrer.

Et on démontre de la même manière cette conséquence : A peut mouvoir D, donc elle peut mouvoir E. En prenant une puissance qui peut mouvoir E deux fois plus lentement que A peut mouvoir D, on démontrera comme auparavant que A et cette puissance donnée qui peut mouvoir E sont égales. De là suit la proposition, comme cela a été déduit précédemment.

Mais, si A mouvait C selon un rapport quadruple[11], alors, d'après notre exposé, il s'ensuit bien que A meut C. Donc cette puissance qui meut D deux fois plus lentement, c'est-à-dire selon un rapport double, à savoir la puissance B, peut mouvoir C, la moitié de D, précisément aussi rapidement que A meut C.

10. Campanus, *Elements*, vol. I, p. 183.

11. Ici Nicole Oresme prend un exemple pour montrer que la règle ne vaut pas.

Donc les puissances sont égales et A peut mouvoir D, puisque, semblablement, A a relativement à D le rapport double, comme B. Et on a cela puisqu'il suit que B meut D selon un rapport double. Donc B meut C deux fois plus rapidement, comme on l'a concédé auparavant, puisqu'il le meut selon un rapport quadruple, comme A[12]. Par conséquent, on disait, dans un corollaire de la quatrième proposition du troisième chapitre, que le rapport du rapport quadruple au rapport double est comme le rapport des dénominations, ce que l'on ne trouve pas pour les autres rapports. Et pour cette raison, il ne s'ensuit pas, de plus, dans le cas précédent : A meut D selon un rapport double, donc cette puissance qui peut mouvoir E deux fois plus lentement peut mouvoir D précisément aussi rapidement que A meut D ; mais au contraire, il s'ensuit qu'elle le meut plus rapidement. En effet, si B est cette puissance, alors le rapport de B à E sera la moitié du rapport double[13]. Et puisque le rapport de E à D est le rapport double, il s'ensuit que le rapport de B à D sera composé du rapport double et de la moitié du rapport double. C'est pourquoi il sera plus grand que le rapport double. Donc, d'après la première supposition, B mouvra D plus rapidement que A mouvait D, puisqu'elle était le double de D. Par conséquent, il ne s'ensuit pas davantage : A peut mouvoir D, donc elle peut mouvoir E, alors que, cependant, cela s'ensuivrait si la règle était vraie, comme cela a été démontré.

Que dirions-nous alors à Aristote qui dans le livre VII de la *Physique* semble poser ces règles qui ont été rejetées ? On doit dire

12. B meut D avec une rapidité deux fois moindre que A meut C. Donc, selon la règle du mouvement, le rapport de B à D est la moitié du rapport de A à C. Or le rapport de A à C vaut le rapport quadruple, donc sa moitié vaut le rapport double. Ainsi, le rapport de B à D est le rapport double. Donc B est égale à A. Ici, on retrouve la règle énoncée plus haut, car dans ce cas particulier la moitié du rapport de B à D correspond au rapport entre B/2 et D. En effet, en termes modernes, on a $\sqrt{4} = 4/2$.

13. La rapidité de D sous la puissance A est double de la rapidité de E sous la puissance B. Donc, d'après la règle du mouvement, le rapport de B à E est la « moitié » du rapport de A à E. Ce dernier rapport est le rapport double par hypothèse, donc le rapport de B à E est le rapport moitié du rapport double.

qu'elles sont fausses, si on n'ajoute pas à la première : si une puissance meut un mobile selon un rapport double, une puissance double mouvra etc. ; et semblablement pour la deuxième : si une puissance etc., selon un rapport double, la même puissance mouvra etc. Nous pouvons expliquer ainsi le texte d'Aristote et dire que les règles doivent être comprises de cette manière. Et peut-être qu'Aristote a dit cela, mais que cela été corrompu lors de la traduction. Et s'il ne l'a pas dit, peut-être qu'il l'a sous-entendu.

Deuxième conclusion : N'importe quelle rapidité étant donnée, on veut savoir, pour un rapport donné, si la rapidité donnée provient du rapport proposé, ou d'un plus grand, ou d'un plus petit.

Soit A le rapport donné, connu par moi, et soit B un rapport dont provient une rapidité donnée, lequel rapport B est précisément inconnu de moi. Je veux seulement chercher et savoir si le rapport B inconnu est égal au rapport A, connu par moi ou donné, ou s'il lui est plus grand, ou plus petit[14].

Soit donc, par exemple, D une puissance et E une résistance ou un mobile, tels que D meut E avec une rapidité donnée par le rapport B inconnu. Choisissons un mobile plus petit que E relativement auquel E soit dans le rapport A donné et connu. Et que ce mobile soit F. Alors, nous aurons un rapport, de D à F, inconnu, et que ce soit C. Il sera composé de rapports intermédiaires, selon les principes du livre VII d'Euclide, comme cela a été souvent allégué dans le premier chapitre.

14. L'explication de Nicole Oresme est la suivante. Il considère une puissance D qui meut un mobile E avec la rapidité R provenant du rapport B, donc (D : E) = B. Puis, il considère un mobile F moindre que E, tel que (E : F) = A. Et il pose C = (D : F), c'est-à-dire que C est le rapport duquel provient la rapidité R' avec laquelle D meut F. On a (D : F) = (D : E)•(E : F), ou encore C = B•A.

Si R' = 2R, alors C est le double de B ($C = B^2$), donc B est égal à A d'après la supposition 5.

Si R' > 2R, alors C est plus grand que le double de B, donc B est plus petit que A.

Si R' < 2R, alors C est plus petit que le double de B, donc B est plus grand que A.

Ainsi, il est composé de A, le rapport donné qui se trouve entre E et F, et de B, le rapport inconnu, qui se trouve entre D et E. Appliquons alors la puissance D afin de mouvoir le mobile F et qu'elle le meuve avec une certaine rapidité. Ou bien cette rapidité sera la première rapidité doublée, de sorte que D mouvra F deux fois plus rapidement que D mouvait E. S'il en est ainsi, le rapport C selon lequel F est mû sera alors le double du rapport B selon lequel D meut E, puisque la rapidité suit du rapport etc., d'après la première supposition. De plus, le rapport C est le double de B et est composé de B et de A, donc B est égal au rapport A, d'après la première partie de la cinquième supposition. Donc, si la rapidité est doublée par une telle application de D à F, on sait déjà que le rapport B est égal au rapport A connu et donné auparavant. Ou bien, par l'application de D à F, la première rapidité sera plus que doublée. Donc, d'après la première supposition, le rapport C sera plus que le rapport B doublé et, ainsi, plus que le double de B. Donc, d'après la deuxième partie de la cinquième supposition, B est plus petit que le rapport A. Ou bien, par l'application de D pour mouvoir F, la rapidité sera moins que doublée. Donc, d'après la première supposition, le rapport C sera plus petit que le double de B, sa partie. Donc, d'après la troisième partie de la cinquième supposition, le rapport B est plus grand que le rapport A, qui est le reste de C, B ayant été enlevé. Et c'est ce que je voulais savoir.

Par exemple, que soit donné le rapport A connu et que ce soit le rapport triple. Et que B soit le rapport inconnu dont provient la rapidité donnée avec laquelle D meut E. Je prends F sous-triple de E, relativement auquel E a le rapport donné, à savoir le rapport triple. Si donc D meut F précisément deux fois plus rapidement que E, alors B est le rapport triple, égal à A; s'il le meut plus que deux fois plus rapidement, alors B est plus petit que A, à savoir que le rapport triple; s'il le meut moins que deux fois plus rapidement, alors B est plus grand que le rapport triple.

On pourra trouver ce qui a été proposé de la même manière et par le même argument, si le mobile reste toujours le même et si on prend une puissance qui excède D selon le rapport donné. Que ce soit F, et qu'il soit appliqué à E le premier mobile. Alors, ou bien il mouvra E précisément deux fois plus rapidement que D mouvait E, ou bien il le mouvra moins que deux fois plus rapidement, ou bien plus. On argumentera alors comme dans le premier cas.

On sait clairement quand la rapidité est doublée, ou plus que doublée, ou moins, d'après la définition de « plus rapide » et « plus lent » posée dans le livre VI de la *Physique*[15]. Et s'il y a des difficultés à ce sujet en raison des différents genres de mouvements, je ne veux pas en être embarrassé pour l'instant, mais je veux en rester à mon propos.

Troisième conclusion : Si l'on connaît le rapport entre deux mobiles et que l'on sait selon quel rapport le plus petit est mû par une certaine puissance plus rapidement que le plus grand est mû par la même puissance[16], le rapport de la puissance à chacun des mobiles sera connu.

Soit A la puissance, B le plus grand mobile et C le plus petit. Puisque tout mouvement provient d'un rapport de plus grande inégalité, comme je le suppose, A sera plus grand que B. Soit E le rapport de A à B, soit F le rapport de B à C et soit D le rapport de A à C. Alors, le rapport D est composé des rapports intermédiaires qui sont E et F. De plus, soit G le rapport de D à E, de sorte que G sera le rapport entre les rapports desquels proviennent les rapidités. Puisque le rapport des rapidités est connu par hypothèse, le rapport des rapports sera connu, à savoir G, d'après la première supposition. Nous aurons donc quatre rapports, D, E, F, G, dont deux sont connus, à savoir G et F, et deux sont inconnus, à savoir D et E, que nous voulons connaître.

On argumente alors ainsi : le rapport du tout D à sa partie E est connu, donc le rapport de cette même partie, à savoir E, à F, le reste, sera connu, d'après la première partie de la huitième supposition. Semblablement, le rapport du tout, à savoir

15. Aristote, *Physique*, VI, 2, 232a : « il est nécessaire que le plus rapide se meuve plus dans un temps égal, autant dans un temps moindre, et même plus en un temps moindre, ainsi que certains définissent le plus rapide » (trad. de P. Pellegrin, Paris, GF Flammarion, 2d éd., 2002, p. 312).

16. C'est-à-dire que l'on connaît le rapport entre leurs rapidités.

D, à F, le reste, sera connu, d'après la deuxième partie de la même huitième supposition. En outre, le rapport de E à F est connu et F est un rapport, ou une quantité, connu, donc E sera connu, d'après la neuvième supposition. Semblablement, le rapport de D à F est connu, et F est un rapport, ou une quantité, connu, donc D sera connu. C'est pourquoi les deux rapports, à savoir E et D, sont maintenant connus et c'est ce que je voulais.

Par exemple, soit B le double de C et que la rapidité avec laquelle C est mû soit le triple de la rapidité avec laquelle B est mû. Alors, d'après la première supposition, le rapport des rapports, à savoir G, sera le rapport triple, de sorte que D sera le triple de E. Donc E sera un tiers de D. Donc le reste F sera les deux tiers de D. C'est pourquoi le rapport de D à F sera comme le dénommant au numérateur, à savoir comme 3 à 2, c'est-à-dire que ce sera le rapport sesquialtère. Et F est le rapport double par hypothèse, donc D sera composé du rapport double et du rapport moitié du rapport double[17]. Ce sera donc les trois quarts du rapport quadruple. Et puisque D est composé de E et de F et que F est le rapport double, E sera la moitié du rapport double. Ou bien, que E soit un tiers et F deux tiers, alors leur rapport est comme le rapport des numérateurs, donc E est à F comme 1 est à 2.

On doit noter que bien que B soit le double de C, il n'est pas nécessaire que, pour cette raison, A meuve C deux fois plus rapidement que B le meut, puisque cela a été désapprouvé par la première conclusion de ce chapitre.

On doit savoir encore que, comme à partir du rapport de deux mobiles et du rapport des rapidités induites par une même puissance, le rapport de la puissance à n'importe lequel de ces mobiles peut être su, de même aussi, inversement, le rapport de deux puissances et le rapport des rapidités induites

17. Selon les définitions des parties d'un rapport, si D est les deux tiers de F, alors il existe un rapport R tel que D est composé de trois rapports égaux à R et F de deux rapports égaux à R. Or F est le rapport double, donc R est la moitié du rapport double et, par conséquent, D est composé du rapport double et du rapport moitié du rapport double.

sur un même mobile étant connus, le rapport de n'importe laquelle de ces puissances au mobile sera connu. Ainsi, les rapports à partir desquels proviennent les rapidités seront connus, de sorte que, si on pose que C est la plus grande puissance, B la plus petite, E le mobile qui est mû par chacune successivement, et si les autres choses sont comme plus haut, alors on doit poursuivre l'argumentation tout à fait comme auparavant.

Quatrième conclusion : Pour n'importe quelle rapidité donnée et pour un rapport proposé comme l'on veut, savoir si le rapport inconnu dont provient la rapidité est commensurable au rapport proposé et montrer que, s'il est commensurable, il sera connu.

Choisissons les termes comme dans la deuxième conclusion, et soit A le rapport donné, B le rapport cherché, D la puissance et E le mobile[18]. Prenons alors F un mobile plus petit que E, relativement auquel E est dans le rapport donné, qui est A. Et que C soit le rapport total de D à F. Appliquons aussi la puissance D au mobile F et qu'il le meuve.

Alors, ou bien la rapidité avec laquelle D meut F est commensurable à la rapidité avec laquelle D meut E, ou bien non. Si oui, alors le rapport total C sera commensurable à B sa partie, d'après la première supposition. En effet, à partir de ces rapports proviennent les rapidités évoquées précédemment, qui sont commensurables. Donc le rapport B sera aussi commensurable au reste, à savoir à A, d'après la sixième supposition.

Mais si la rapidité la plus grande avec laquelle D meut F est incommensurable à la rapidité la plus petite avec laquelle D meut E, alors le rapport plus grand dont provient la rapidité la plus grande, à savoir le rapport C, est incommensurable au rapport B plus petit dont provient la rapidité plus petite, d'après la première supposition. De plus, la partie B est incommensurable à son tout C, donc elle est incommensurable au reste A, d'après la septième supposition. C'est pourquoi on voit aussi clairement comment savoir si le rapport B est commensurable

18. D meut E avec la rapidité provenant de B, donc B = (D : E).

ou incommensurable au rapport A, et cela a été proposé en premier lieu.

Si donc le rapport B est commensurable au rapport A, alors il sera commensurable au rapport total C, d'après la deuxième partie de la sixième supposition. Prenons alors le rapport de la rapidité avec laquelle F est mû par D à la rapidité avec laquelle E est mû par le même D. N'importe laquelle de ces rapidités et leur rapport seront connus, d'après la définition de « plus rapide » et « plus lent » posée dans le livre VI de la *Physique.* Et l'on argumente alors ainsi : le rapport des rapidités est connu, donc le rapport du rapport C au rapport B est connu, d'après la première supposition. En effet, les rapidités sont obtenues à partir de ces rapports. Donc le rapport de B à A sera connu, d'après la huitième supposition. Mais A est un rapport connu, donc B est connu, d'après la dernière supposition.

J'argumente autrement ainsi : le rapport des rapidités est connu et le rapport des mobiles, qui est A, est connu, donc le rapport de chacun des mobiles à la puissance sera connu, d'après la conclusion immédiatement précédente. Donc le rapport C sera connu et semblablement le rapport B sera connu, ce qui a été proposé en second lieu.

Par exemple, que le rapport donné soit le rapport double. Je pose F sous-double de E. Que D meuve alors E en un jour selon un mille. Appliquons D à F, et qu'elle meuve F dans le même temps selon une distance incommensurable au mille, de sorte que cette distance soit au mille comme la diagonale du carré à son côté. S'il en est ainsi, alors le rapport selon lequel elle mouvait E sera incommensurable au rapport double, de même que le rapport selon lequel elle mouvait F. Donc, puisque C sera à B comme la diagonale au côté, B sera incommensurable au reste, à savoir à A, d'après la septième supposition.

Mais si D meut E comme auparavant selon un mille en un jour et si, dans le même temps, elle meut F selon trois milles, alors le rapport de D à F, à savoir C, est le triple du rapport de D à E, qui est B. Donc B est un tiers de C et A est deux tiers de ce même C. C'est pourquoi le rapport de A à B est comme 2 à 1. Et A est le rapport double, comme cela a été posé, donc B est la moitié du rapport double, et c'est ce que je voulais savoir.

Mais si le rapport donné, à savoir A, est le rapport quadruple et que D meut E selon un mille, comme auparavant, et qu'il meut F dans le même temps selon trois milles, alors C est le triple de B et, par conséquent, A est le double de B. Donc B est le rapport double et C le rapport octuple.

On obtiendra le résultat de la même manière, si deux puissances sont comparées à un mobile, comme cela a été dit dans la deuxième conclusion, de sorte que F soit la plus grande puissance, E la plus petite puissance, D le mobile et que le rapport de F à E soit le rapport A donné. Et puisque E meut D, on applique F à D et on argumente comme plus haut.

On doit savoir que le rapport des rapidités est découvert et su à partir du rapport des temps et des espaces traversés ou acquis, ou d'autres grandeurs de cette sorte, comme cela est clair d'après les livres VI et VII de la *Physique*. On découvre le rapport des rapports à partir du rapport des rapidités, et ce processus est *a posteriori*. Mais quand on découvre le rapport des rapidités à partir du rapport des rapports, alors on procède à partir de la cause et *a priori*.

Cinquième conclusion : Une certaine rapidité étant donnée et le rapport dont elle provient étant connu, on pourra savoir au sujet de n'importe quelle rapidité de quel rapport elle est issue, en connaissant cependant le rapport des rapidités.

Soit A le rapport donné dont provient la rapidité donnée, et soit une autre rapidité commensurable à cette rapidité et qui soit issue du rapport B. Je dis que B sera connu et je le démontre ainsi : le rapport des rapports, à savoir de A à B, est comme le rapport des rapidités, d'après la première supposition. Et le rapport des rapidités est connu, comme cela a été posé. Donc le rapport de A à B est connu. Mais A est un rapport connu par hypothèse, donc B est un rapport connu, d'après la neuvième supposition, et c'est ce qui a été proposé.

Nous connaîtrons donc de cette manière le rapport de la puissance à la résistance, à savoir le rapport dont provient la rapidité, là où la puissance n'est pas séparée de son mobile ou de sa résistance et n'est pas appliquée à des mobiles différents.

Par exemple, soit A le rapport double dont provient la rapidité donnée, et soit une autre rapidité quadruple de celle-ci qui provient du rapport B. Alors, le rapport B est le quadruple de A, à savoir du rapport double. J'augmente donc le rapport double jusqu'à son quadruple, comme cela a été enseigné dans le premier chapitre, et j'aurai le rapport sédécuple. Donc B était le rapport sédécuple.

Sixième conclusion : Étant donné un rapport dont provient une rapidité, s'il est rationnel, donner ses premiers nombres ; mais s'il est irrationnel, trouver deux lignes dont la plus grande soit comme la puissance motrice et la plus petite comme la résistance de la chose mue.

Je parle d'abord de ce que l'on suppose, puis de ce que l'on a proposé. On suppose que le rapport dont provient la rapidité est donné, et le rapport est donné quand sa dénomination est connue. Pour certains rapports, à savoir pour tous les rapports rationnels et pour certains rapports irrationnels, les dénominations sont connaissables et pour certains rapports irrationnels, elles ne sont pas connaissables, comme cela a été dit dans le premier chapitre et dans la preuve de la dixième conclusion du troisième chapitre. Si donc on avait une rapidité qui soit issue d'un tel rapport dont la dénomination n'est pas connaissable, il est impossible que ce rapport soit connu. Cependant, pour n'importe quel rapport qui nous est donné, ou qui doit nous être donné, nous pourrons chercher, grâce à la deuxième conclusion, s'il est plus grand ou plus petit qu'un tel rapport irrationnel qui ne peut pas être connu ni nommé. Ainsi, finalement, nous pourrons trouver deux rapports suffisamment proches avec lesquels un tel rapport inconnu sera en relation de telle manière qu'il sera plus petit que le plus grand et plus grand que le petit. Et ceci doit suffire.

Mais si la rapidité est issue d'un rapport dont la dénomination est connaissable, je ne trouve pas de règle générale pour la découvrir dans tous les cas. Toutefois, nous pouvons grandement être aidé pour cela par les cinq conclusions précédentes. En effet, grâce à la deuxième, nous pouvons, pour n'importe quel rapport donné, examiner si le rapport dont provient la rapidité lui est égal, ou plus grand, ou plus petit. Et dans tous les cas, nous connaîtrons le rapport des rapidités et des mobiles en relation à un même moteur ou à des moteurs de même puissance. Ou bien nous pourrons trouver le rapport des rapidités et des puissances mouvant un même mobile ou des mobiles égaux, grâce à la troisième conclusion.

Ainsi, si A, un corps lourd, est mû dans un certain milieu et si B, son double, est mû dans le même milieu, alors, à partir du rapport des moteurs, à savoir de A à B, et des rapidités, on connaîtra pour chaque rapidité de quel rapport elle est issue, sauf si on a que B est plus aidé que A par le milieu ou par la non-uniformité de son mouvement, ou par une autre raison, etc. Et si on se donne un rapport, on saura si le rapport que l'on cherche, dont provient la rapidité, est commensurable au rapport proposé. S'il en est ainsi, ce rapport sera connu, d'après la quatrième conclusion. Ainsi, grâce à ces trois conclusions ou grâce à l'une d'entre elles, nous pouvons connaître le rapport pour certaines rapidités, de sorte que nous pouvons dire que telle rapidité provient de tel rapport. Par exemple, la rapidité avec laquelle un mobile traverse en une heure un mille provient du rapport double. Et si tu veux et peux le faire, cela me plaît ; mais s'il y a une défaillance du côté du milieu, je ne peux pas en dire plus. Cependant, si nous le pouvons, nous saurons que les rapidités égales proviennent de rapports égaux et toutes les rapidités de même genre provenant de rapports égaux sont égales. Et d'après la cinquième conclusion, le rapport commensurable de n'importe quelle rapidité à cette rapidité sera connu, si toutefois le rapport des rapidités est connu. Ainsi, nous connaîtrons le rapport dont provient la rapidité dans le cas où la puissance ne peut être séparée de la résistance et ne peut pas être appliquée à différents mobiles, et dans le cas où le même mobile n'est pas en relation avec plusieurs moteurs.

Par conséquent, si le rapport associé à n'importe quelle rapidité dans un mouvement circulaire est connu d'après la théorie précédente, de sorte que cette rapidité puisse être dite provenir d'un rapport double, ou triple, etc., et si l'on connaît grâce à l'astrologie le rapport entre la rapidité du mouvement de n'importe quelle orbe et cette rapidité, on peut savoir à partir du rapport des quantités des mouvements, ou des cercles décrits, et à partir du rapport des temps pendant lesquels ils tournent, à partir de ces deux rapports, c'est-à-dire à partir de la connaissance du rapport dont provient la rapidité donnée et de la connaissance du rapport de la rapidité de l'orbe à la rapidité donnée, on pourra connaître le rapport de l'intelligence motrice à l'orbe. Certes, ce rapport ne doit pas être dit rapport de la puissance à la résistance, si ce n'est par analogie, comme je le soutiens, puisque l'intelligence meut par sa seule volonté et par aucune autre puissance ou effort ou difficulté et le ciel ne lui résiste pas, comme je crois que ce fut l'opinion d'Aristote et d'Averroès.

À ce sujet, il n'y a rien de plus à ajouter, du moment que l'on a parlé au sujet de ce qui est supposé et qui a été posé au début en ces termes : « le rapport dont provient la rapidité étant connu ».

Maintenant, il reste à discuter de ce qui est proposé et on a alors deux propositions. La première est : Si le rapport est rationnel, trouver ses premiers nombres. Et cela a déjà été exposé dans le premier chapitre. La deuxième est : Si par contre le rapport est irrationnel, donner deux lignes incommensurables, etc., où l'on doit savoir que tout rapport irrationnel dont la dénomination est connue est dénommé par un rapport rationnel[19]. Donc, ou bien il est dénommé par un rapport rationnel plus grand que lui-même, ou plus petit.

Si c'est par un rapport plus grand, alors ce rapport irrationnel est dit être une partie de ce rapport rationnel, comme la moitié, le tiers, ou le quart etc., ou bien, il en est des parties, comme deux tiers, ou trois quarts, etc. Et l'un des nombres est le numérateur et l'autre le dénominateur de ces parties ou de cette partie. On doit donc prendre deux lignes selon le rapport rationnel par lequel il est dénommé et dont il est une partie ou des parties. Assurément, ce rapport rationnel doit être divisé en un nombre de parties égal au nombre dénominateur de ces parties ou de cette partie, et il doit être divisé comme cela grâce à la recherche de lignes proportionnelles en places médianes. On doit alors comparer l'une de ces lignes à la ligne totale qui est après elle ou avant elle, dans l'ordre, un nombre de fois égal au nombre numérateur, et la plus grande sera comme la puissance et la plus petite comme la résistance.

19. Voir notre introduction, p. LIV.

Par exemple, soit le rapport donné moitié du rapport double, à savoir la deuxième partie. Je pose deux lignes, l'une double de l'autre. Puisque le dénominateur est 2, je divise le rapport double en deux par la recherche d'une ligne médiane proportionnelle entre les deux lignes données. Puisque l'unité est le numérateur, je compare la ligne médiane à la première ligne après elle ou avant elle, et la plus grande sera comme la puissance etc.

Autre exemple : que le rapport donné soit deux tiers du rapport quadruple. Je pose A une ligne quadruple d'une ligne B et, puisque 3 est le dénominateur, je divise le rapport quadruple en trois, en trouvant deux lignes médianes, qui soient C et D. On aura quatre lignes continûment proportionnelles, A, C, D et B, selon le rapport qui est la troisième partie du rapport quadruple. Puisque 2 est le numérateur, je compare l'une d'elles à la deuxième après elle ou avant elle, et la plus grande sera comme la puissance, etc. En effet, je compare A à D ou C à B.

Mais si le rapport irrationnel donné est dénommé par un rapport rationnel plus petit que lui, alors il n'en sera pas un multiple, comme cela résulte de la démonstration de la première conclusion du deuxième chapitre, mais il pourra être indifféremment dans n'importe quel autre rapport, comme le superparticulier, le superpartient, etc. Ainsi, le rapport irrationnel contiendra le rapport rationnel par lequel il sera dénommé une seule fois ou plusieurs fois et une ou plusieurs de ses parties. Et de cette partie ou de ces parties, l'un des nombres sera le numérateur et l'autre le dénominateur.

Par conséquent, comme on le disait plus haut, le rapport rationnel posé dans les lignes doit être divisé en un nombre de parties égal au dénominateur par la recherche de lignes médianes. Ce rapport doit ensuite être augmenté en cherchant au delà de ces lignes d'autres lignes en proportion continue, en nombre égal au numérateur. Et la plus grande de toutes sera comme la puissance, etc.

Par exemple, que le rapport irrationnel donné soit dans le rapport superpartient deux tiers relativement au rapport double[20]. Je pose une ligne A double d'une ligne B et, puisque 3 est le dénominateur, je divise le rapport double en trois, en trouvant deux lignes médianes qui sont C et D. On aura alors quatre lignes continûment proportionnelles, A, C, D et B. Puisque 2 était le numérateur, je cherche deux autres lignes, en plus, en proportion continue, et je ne me préoccupe pas de ce qu'elles soient plus grandes ou plus petites. Qu'elles soient donc plus petites et que ce soient E et F. On aura six lignes continûment proportionnelles, A, C, D, B, E, F. Je dis donc que le rapport de A à F est le rapport irrationnel donné et que A est comme la puissance et F comme la résistance.

Et que le rapport de A à F soit irrationnel et que ce soit le rapport donné, on le prouvera très facilement à partir de ce qui a été dit dans le premier et le deuxième chapitres. D'abord, puisque, entre les premiers nombres du rapport double, il n'y a pas un nombre médian ni des nombres médians, alors ce rapport est incommensurable à n'importe quel rapport rationnel plus grand qui n'en est pas un multiple, d'après la cinquième conclusion du deuxième chapitre. Mais le rapport de A à F est plus grand que lui et n'en est pas un multiple, ni ne lui est commensurable, donc il est irrationnel. En outre, comme cela est clair, le rapport de A à F contient le rapport double et le rapport deux tiers du rapport double, donc il est le rapport donné.

Mais si le rapport donné était multiple superpartient d'un rapport rationnel, ou s'il était dans un autre rapport relativement à un rapport rationnel, deux lignes de cette sorte peuvent alors être facilement trouvées à partir de ce qui a été dit. Par exemple, soit un rapport dans le rapport triple superpartient trois quarts relativement au rapport double. Je pose que A a relativement à B le rapport triple du rapport double, à savoir le rapport octuple. Ensuite, je pose C sous-double de B et je cherche trois lignes médianes, D, E, F. Le rapport de A à F sera

20. Le rapport irrationnel vaut le rapport double composé avec deux tiers du rapport double. En termes modernes, la valeur numérique correspondant au rapport irrationnel est $2^{1+2/3}$.

le rapport donné. Et la même chose arriverait si A était octuple de B, C double de A et si D, E, F étaient médianes entre C et A. Alors, le rapport de D à B sera le rapport donné composé du rapport octuple, qui est le rapport triple du rapport double, et de trois quarts du rapport double.

Cependant, on suppose que l'on sait trouver entre deux lignes données autant de lignes médianes que l'on veut en proportion continue. Or Euclide ne l'enseigne pas, si ce n'est seulement pour une ; on a cela dans la proposition 9 du livre VI[21]. Mais le vénérable maître Jean de Murs a enseigné, je crois, comment en trouver autant que l'on veut[22].

Septième conclusion : Si on a une rapidité qui provient d'un rapport rationnel entre les premiers nombres duquel il n'y a pas un nombre médian ou des nombres médians proportionnels, toute rapidité plus petite, qui lui est commensurable, provient d'un rapport irrationnel, et semblablement toute rapidité plus grande qui n'en est pas un multiple.

Puisque le rapport des rapidités est comme le rapport des rapports, d'après la première supposition, et que n'importe quel rapport de cette sorte, entre les premiers nombres duquel il n'y a pas etc., est incommensurable à n'importe quel rapport plus petit et à n'importe quel rapport plus grand qui n'en est pas un multiple, d'après la cinquième conclusion du deuxième chapitre, alors la rapidité qui est issue de ce rapport sera incommensurable à n'importe quelle rapidité plus petite qui est obtenue à partir d'un rapport rationnel. Donc, si une rapidité plus petite est commensurable à cette même rapidité, elle sera obtenue à partir d'un rapport irrationnel. Et il en est de même pour une rapidité plus grande qui n'en est pas un multiple.

Par exemple, soit la rapidité obtenue à partir du rapport double, et que cette rapidité soit B. Je dis que toute rapidité

21. Proposition 9 du livre VI : « Deux lignes étant données, placer entre elles une ligne sous une proportionnalité continue » (Campanus, *Elements*, vol. I, p. 209).

22. Nous n'avons pas trouvé ce résultat, ni dans le *Quadripartitum numerorum*, ni dans le *De arte mensurandi* de Jean de Murs.

qui lui est commensurable provient d'un rapport irrationnel, et toute rapidité plus petite provenant d'un rapport rationnel lui est incommensurable. Cependant, je ne dis pas que toute rapidité plus petite qui lui est incommensurable provient d'un rapport rationnel, car certains rapports irrationnels plus petits que le rapport double lui sont commensurables et certains incommensurables.

En outre, toute rapidité plus grande que B, si elle n'est pas multiple de B et si elle provient d'un rapport rationnel, est incommensurable à B, et toute rapidité qui est commensurable à B, et qui n'en est pas un multiple, provient d'un rapport irrationnel. Ainsi, si une lieue est parcourue avec la rapidité B en un jour et qu'une lieue et demie est parcourue à la rapidité C, je dis que C provient d'un rapport irrationnel, car les rapports de rapports sont ainsi, comme cela est clair d'après la cinquième conclusion du deuxième chapitre et d'autres conclusions posées dans le troisième chapitre. Par conséquent, quelqu'un qui comprend pourra démontrer de nombreuses conclusions au sujet des rapidités à partir de la première supposition de ce chapitre et des conclusions posées dans le troisième chapitre.

Par exemple, toute rapidité qui proviendrait d'un rapport multiple est incommensurable à n'importe quelle autre rapidité qui ne provient pas d'un rapport multiple ; et si chacune d'elles était issue d'un rapport multiple, il ne s'ensuit pas qu'elles soient commensurables. Ceci est clair d'après la première supposition et la troisième conclusion du troisième chapitre. En outre, toute rapidité qui est issue d'un rapport superparticulier est incommensurable à n'importe quelle autre rapidité qui proviendrait d'un rapport superparticulier. Cela est clair d'après la cinquième conclusion de ce même troisième chapitre.

Ainsi, à partir de n'importe quelle conclusion du troisième chapitre, une ou plusieurs conclusions au sujet des rapidités peuvent être démontrées, que je laisse de côté afin de passer plus rapidement à la dixième conclusion de ce même chapitre à partir de laquelle est obtenue cette conclusion :

Étant données deux rapidités dont le rapport n'est pas connu, il est vraisemblable que leur rapport soit irrationnel et que ces rapidités soient incommensurables. Et bien plus, étant données plusieurs rapidités, il est vraisemblable que l'une soit incommensurable à une autre. Et plus il y a de rapidités, plus cela est jugé vraisemblable, puisqu'il a souvent été dit, d'après la première supposition, que le rapport des rapidités est comme le rapport des rapports. Mais étant donné un rapport de rapports inconnu, il est vraisemblable qu'il soit irrationnel[23] et que ces rapports soient incommensurables. Et si plusieurs rapports de rapports sont proposés, il est encore plus vraisemblable que chacun soit irrationnel, puisque, parmi les rapports de rapports, rares sont ceux qui sont rationnels, comme, entre les nombres, rares sont les nombres cubiques, comme cela a été dit dans la dixième conclusion du troisième chapitre. Donc on doit dire de même pour les rapports entre les rapidités, à savoir que, étant données deux rapidités etc., ce qui a été proposé.

Et puisque le rapport des quantités est comme le rapport des rapidités avec lesquelles ces quantités seraient traversées dans le même temps ou dans des temps égaux, et que le rapport des temps est comme le rapport des rapidités avec lesquelles il adviendrait que des quantités égales soient traversées en ces temps, et inversement, comme cela est clair d'après le livre VI de la *Physique*, il s'ensuit cette conclusion :

Étant données deux quantités quelconques pouvant être acquises par un mouvement continu dont le rapport est inconnu, il est vraisemblable que ces quantités soient incommensurables. Et si plusieurs quantités sont proposées, il est encore plus vraisemblable que l'une soit incommensurable à une autre. Et il advient que l'on peut affirmer la même chose pour deux temps et pour des grandeurs continues quelconques.

Par exemple, soient deux mouvements inégaux dont le rapport est inconnu et qui se déroulent en des temps égaux. Je dis qu'il est vraisemblable que les quantités parcourues soient incommensurables, de même que n'importe quelles autres quantités acquises ou susceptibles d'être acquises par ces mouvements.

23. Nous avons corrigé le texte qui comporte « incommensurable ».

Et si on a deux mouvements inégaux dans la durée dont le rapport n'est pas connu et par lesquels des quantités égales sont acquises, il est vraisemblable que leurs temps soient incommensurables ; de même pour plusieurs temps, comme auparavant. On doit donc dire qu'il est vraisemblable que le jour et l'année solaire soient des temps incommensurables. Et s'il en est ainsi, il est impossible de trouver la vraie quantité de l'année, comme si l'année durait plusieurs jours et une partie de jour incommensurable au jour. Et on doit dire de même des autres durées.

De ce qui a été dit suit encore cette conclusion : Étant donnés deux mouvements des corps célestes, il est vraisemblable qu'ils soient incommensurables et il est encore plus vraisemblable qu'un mouvement du ciel soit incommensurable au mouvement d'une autre orbe. Et si la conclusion contraire était vraie, on ne pourrait cependant pas le savoir. Or cette conclusion semble vraie, surtout parce que, à partir de mouvements incommensurables, provient l'harmonie, comme je le dirai plus loin[24].

Ceci étant posé, à savoir qu'un mouvement du ciel est incommensurable à un mouvement du ciel, il s'ensuit des conclusions nombreuses et très belles que j'ai mises en ordre ailleurs[25]. J'ai l'intention de les démontrer plus parfaitement plus loin, à savoir dans le dernier chapitre[26]. Parmi elles, il y a celles-ci.

24. Nicole Oresme ne revient pas sur ce point dans ce traité, incomplet. Mais il évoque l'harmonie et la beauté du monde dans la partie III de son *Traité sur la commensurabilité et l'incommensurabilité des mouvements du ciel* (voir E. Grant, *Nicole Oresme and the Kinematics of Circular Motion, « Tractatus de commensurabilitate vel incommensurabilitate motuum celi »*, Madison – Milwaukee – London, The University of Wisconsin Press, 1971, p. 284 et sqq.).

25. Nicole Oresme fait sans doute allusion à son traité *À ceux dont l'attention se porte sur un petit nombre de sujets*, rédigé avant son traité *Sur les rapports de rapports.* Il reviendra plus tard sur la question de l'incommensurabilité des mouvements du ciel dans son *Traité sur la commensurabilité ou l'incommensurabilité des mouvements du ciel.* Voir notre introduction, note 14, p. XIV.

26. Ce chapitre est perdu ou n'a jamais été composé.

L'une est: Si une éclipse totale de lune survenait une fois, ce qui peut arriver, il est impossible qu'une éclipse semblable soit survenue en un autre temps et, bien plus, qu'elle survienne dans le temps futur éternel. Et j'entends toujours parler selon la nature, ayant posé l'éternité du mouvement et ayant supposé les principes qu'Aristote a posé dans le deuxième livre du traité *Du ciel* et en d'autres endroits.

Autre conclusion: Si deux planètes sont une fois en conjonction quant à la longitude et la latitude en un certain point, elles ne seront jamais plus de nouveau en conjonction.

Autre conclusion : Si trois planètes sont une fois en conjonction quant à la longitude, de sorte qu'elles sont ensemble dans le même méridien, il est impossible qu'elles soient de nouveau en conjonction, même si elles se mouvaient éternellement. Ainsi, elles sont seulement une fois en conjonction durant les temps éternels.

On aura une autre conclusion, et je n'en cite pas d'autres pour le moment : Il est nécessaire que, en n'importe quel instant, les corps célestes soient tels qu'il est impossible, et qu'il a été impossible, qu'ils soient tels en un autre instant. Ainsi, en n'importe quel instant, telle constellation sera ce qu'elle n'a jamais été avant et ce qu'elle ne sera jamais après dans l'éternité, comme cela a été écrit: « viendra le temps qui n'a jamais été depuis le temps où les peuples commenceront à être jusqu'à ce temps-ci » (douzième chapitre de Daniel)[27] ; et cela, par l'intermédiaire des corps célestes, le Seigneur les disposant comme le Poète l'a dit: « la première des causes régit assurément d'elle-même toutes les causes comme elle le veut, les cieux sont les orgues du Premier Être et les instruments de l'Être Suprême »[28].

27. « Ce sera un temps de détresse, qui ne s'est pas produit depuis qu'il existe un peuple jusqu'à ce temps-ci » (*Le livre de Daniel*, XII, 1 dans *La Bible, Ancien Testament*, Gallimard, Bibliothèque de la Pleiade, 1959, vol. 2, p. 675).

28. Voir Pseudo-Ovidian, *De vetula*, éd. par Paul Klopsch, Brill, 1967, p. 252, l. 64-65.

Assurément, je démontrerai, en plus de celles-ci et à partir du même principe, beaucoup d'autres conclusions qui ne sont pas moins belles, d'autres principes très vraisemblables devant alors être posés pour les démonstrations. Beaucoup d'erreurs en philosophie et dans la foi pourront être attaquées à partir de ces conclusions, comme la grande année que d'aucuns ont posée de trente-six mille années, disant que les corps célestes reviennent alors à leur statut premier et que les configurations anciennes sont ordonnées de nouveau comme dans le passé, et d'autres erreurs de ce genre que d'autres ont été habitués à rejeter, non par des démonstrations, mais par des disputes et des bavardages. En effet, il est préférable d'attaquer les philosophes par la philosophie et les mathématiciens par la mathématique. Comme Goliath a été atteint par son propre glaive, de même la vérité sera révélée et la fausseté sera détruite. Que ceci finisse donc le quatrième chapitre.

BIBLIOGRAPHIE

Ouvrages originaux ou éditions d'œuvres anciennes

AḤMAD IBN YŪSUF, *Opuscule sur le rapport et la proportion*, édition et traduction anglaise de la traduction latine de Gérard Crémone dans Sister M. Schrader, *The "Epistola De Proportione et Proportionalitate" of Ametus filius Iosephi*, Ph. D, The University of Wisconsin, 1961.

ALBERT DE SAXE, *Tractatum proportionum*, Venise, 1496 ; édité dans Hubert L. L. Busard, *Der* Tractatus Proportionum *von Albert von Sachsen*, Wien-New York, Springer, 1971.

ALEXANDRE ACHILLINI, *De proportione motuum*, Bologne, 1515.

AL-FARGHĀNĪ, *Differentie*, traduction latine de Jean d'Espagne éditée par Francis J. Carmody dans *Alfragani Differentie in quibusdam collectis scientie astrorum*, Berkeley-California, 1943.

ARISTOTE, *Physique*, traduction et présentation de Pierre Pellegrin, Paris, GF Flammarion, 2002.

– *Traité du ciel*, traduction par Catherine Dalimier et Pierre Pellegrin, Paris, GF Flammarion, 2004.

AVERROÈS, *Aristotelis opera cum Averrois commentariis, Quartum Volumen, Aristotelis de physico auditu libro octo, cum Averrois cordubensis variis in eosdem commentariis*, Venitiis, apud Junctas, 1562.

– *Aristotelis opera cum Averrois commentariis, Quintum volumen, Aristotelis De Coelo, De Generatione et Corruptione,…*, Venitiis, apud Junctas, 1562.

BLAISE DE PARME, *Questiones circa Tractatum proportionum magistri Thome Braduardini*, introduction et édition critique de Joël Biard et Sabine Rommevaux, « Textes philosophiques du Moyen Âge », Paris, Vrin, 2005.

BOÈCE, *Institution arithmétique*, texte établi et traduit par Jean-Yves Guillaumin, Paris, Les Belles Lettres, 1995.

– *Traité de la Musique*, introduction et traduction de Christian Meyer, Turnhout, Brepols, 2004.

CAMPANUS, *Liber elementorum Euclidis*, édité dans Hubert L. L. Busard, *Campanus of Novara and Euclid's Elements*, Wiesbaden, Franz Steiner Verlag, 2005.

EUCLIDE, *Les Éléments. Volume 2. Livres V à IX*, traduction et commentaires de Bernard Vitrac, « Bibliothèque d'histoire des sciences », Paris, Presses Universitaires de France, 1994.

FRANÇOIS DE FERRARE, *Questio de proportionibus motuum*, édité dans Marshall Clagett, « Franciscus of Ferrara's *Questio de proportionibus motuum* », *Annali dell'Istituto e Museo di storia della scienza di Firenze*, (1978), p. 3-63.

GÉRARD DE BRUXELLES, *De proportionalitate motuum et magnitudinum*, édité dans Pierre Duhem, *Etudes sur Leonard de Vinci. Troisième série. Les précurseurs parisiens de Galilée*, Paris, A. Hermann et fils, 1913.

JEAN MARLIANI, *Questio de proportione motuum in velocitate*, Pavie, 1482.

JORDANUS, *De ponderibus*, édité dans Marshall Clagett & Ernst A. Moody, *The Medieval Science of Weights. Scientia de ponderibus. Treatises ascribed to Euclid, Archimedes, Thabit ibn Qurra, Jordanus de Nemore and Blasius of Parma*, Madison, University of Wisconsin Press, 1952.

– *De numeris datis*, edited by B. B. Hughes, Berkeley, Los Angeles, London, Publications of the Center for Medieval and Renaissance Studies, University of California Press, 1981.

– *Arithmetica*, édité dans H. L. L. Busard, *Jordanus de Nemore*, De Elementis Arithmetice Artis. *A Medieval Treatise on Number Theory*, Stuttgart, Franz Steiner Verlag, 1991.

LAX, Gaspar, *Arithmetica speculative magistri Gasparis Lax Aragonensis de Sarinyena duodecim libri demonstrata*, Paris, Jacob Emundo, 1515.

– *Proportiones magistri Gasparis Lax Aragonensis de Sarinyena*, Paris, Jacob Emundo, 1515.

NICOLE ORESME, *De proportionibus proportionum* and *Ad pauca respicientes*, Edited with Introductions, English Translations and Critical Notes by Edward Grant, Madison, University of Wisconsin Press, 1966.

– *Questiones super geometriam Euclidis*, edited by Hubert L. L. Busard, Leiden, Brill, 1961.

– *Tractatus de commensurabilitate vel incommensurabilitate motuum celi*, édité dans Edward Grant, *Nicole Oresme and the Kinematics of Circular Motion, « Tractatus de commensurabilitate vel incommensurabilitate motuum celi »*, Madison-Milwaukee-London, The University of Wisconsin Press, 1971.

– *Tractatus de configurationibus qualitatum et motuum*, édition critique et traduction anglaise dans Marshall Clagett, *Nicole Oresme and the Medieval Geometry of Qualities and Motions*, Madison, University of Wisconsin Press, 1968.

– *Algorismus proportionum*, édition critique et traduction française dans Sabine Rommevaux, *Théories des rapports (XIII*e*-XVI*e* siècles) : réception, appropriation, innovation*, Turnhout, Brepols, à paraître.

NUÑEZ, Pedro, *Libro de algebra en arithmetica y geometria*, Antwerpen, en la casa de los herederos d'A Birkman, 1567.

PSEUDO-OVIDE, *De vetula*, éd. Paul Klopsch, Leiden-Köln, E. J. Brill, 1967.

THĀBIT IBN QURRA, *Liber Thebit Benchorath de hiis que indigent expositione antequam legatur Almagesti*, édité par Francis J. Carmody dans *The Astronomical Works of Thabit b. Qurra*, Berkeley, Los Angeles, University of California Press, 1960.

THÉODOSE DE TRIPOLI, *Les Sphériques*, traduction, introduction et notes de Paul Ver Eecke, Paris, Blanchard, 1959.

THOMAS, Alvarus, *Liber de triplici motu proportionibus annexis magistri Thome Ulixbonensis philosophicas Suiset Calculationes ex parte declarans*, Paris, Poncet le Preux, 1509.

THOMAS BRADWARDINE, *Geometria speculativa*, Latin Text and English Translation with an Introduction and a Commentary by George Molland, Stuttgart, F. Steiner Verlag, 1989.

– *Tractatus de proportionibus*, édition critique et traduction anglaise dans H. Lamar Crosby, *Thomas Bradwardine. His Tractatus de Proportionibus. Its significance for the Development of Mathematical Physics*, Madison, University of Wisconsin Press, 1955.

– *De continuo*, édité dans John E. Murdoch, *Geometry and the Continum in the Fourteenth Century : a Philosophical Analysis of Thomas Bradwardine's Tractatus De continuo*, Ph. D, University of Wisconsin, 1957 ; traduction française par Sabine Rommevaux d'un extrait du *De continuo*, dans Joël Biard et Jean Celeyrette, *De la Théologie aux mathématiques. L'infini au XIV*[e] *siècle*, « Sagesses médiévales », Paris, Les Belles Lettres, 2005, p. 89-135.

Études

BIARD, Joël, « La *Question sur le rapport entre les mouvements* d'Alexandre Achillini », dans Joël Biard et Sabine Rommevaux (éds.), *Mathématiques et Théorie du mouvement (XIV*[e]*-XV*[e] *siècles)*, Villeneuve d'Ascq, Presses universitaires du Septentrion, 2008, p. 59-80.

– et ROMMEVAUX, Sabine (éds.), *Mathématiques et Théorie du mouvement (XIV*[e]*-XV*[e] *siècles)*, Villeneuve dAscq, Presses universitaires du Septentrion, 2008.

BUSARD, Hubert L. L., « Die Traktate *De proportionibus* von Jordanus Nemorarius und Campanus », *Centaurus*, 15 (1971), p. 193-227.

CELEYRETTE, Jean, « Le mouvement selon la cause chez Messino da Codronchi et Angelo de Fossombruno », dans Joël Biard et Sabine Rommevaux (éds.), *Mathématiques et Théorie du mouvement (XIVe-XVe siècles)*, Villeneuve d'Ascq, Presses universitaires du Septentrion, 2008, p. 15-30.

CLAGETT, Marshall, *Giovanni Marliani and Late Medieval Physics*, New York, Columbia University Press, 1941.

– « Archimedes, *De curvis superficiebus* », *Osiris*, 11 (1954), p. 295-358.

– *Science of Mechanics in the Middle Ages*, Madison (Milwaukee)-London, The University of Wisconsin Press, 1959.

DUHEM, Pierre, *Études sur Leonard de Vinci. Troisième série. Les précurseurs parisiens de Galilée*, Paris, A. Hermann et fils, 1913.

GRANT, Edward, *Much ado about nothing. Theories of space and vacuum from the Middle Ages to the Scientific Revolution*, Cambridge, Cambridge University Press, 1981.

HARRISON, Anne, « Blasius de Parma's critique of Bradwardine's "Tractatus de proportionibus" », *in* Antonino Poppi (ed.), *Scienza e filosofia all'università di Padova nel quattrocento*, Trieste, Edizioni Lint, 1983, p. 19-69.

JUNG-PALCZEWSKA, Elzbieta, « Works by Richard Kilvington », *Archives d'histoire doctrinale et littéraire du Moyen Âge*, 67 (2000), p. 181-223.

LEJBOWICZ, Max, « Nicole Oresme dans la lumière de l'urbanité », dans Paul J. J. M. Bakker (éd.), avec la collaboration d'Emmanuel Faye et Christophe Grellard, *Chemins de la pensée médiévale. Études offertes à Zénon Kaluza*, Turnhout, Brepols, 2002, p. 675-708.

MAIER, Anneliese, *Die Vorlaüfer Galileis im 14 Jahrhundert*, Roma, Ed. di storia e letteratura, 1949.

MEUNIER, Norbert, « À propos de l'utilisation par Nicole Oresme d'une argumentation "probabiliste" », dans Pierre Souffrin et Alain Segonds (éds.), *Nicolas Oresme. Tradition et innovation chez un intellectuel du XIVe siècle*, Paris, Les Belles Lettres, 1988, p. 165-177.

ROMMEVAUX, Sabine, *Clavius: une clé pour Euclide*, « Mathesis », Paris, Vrin, 2005.

– « Les règles du mouvement de Blaise de Parme dans les deux versions de ses *Questions sur le traité des rapports de Thomas Bradwardine* », dans Joël Biard et Sabine Rommevaux (éds.), *Mathématiques et Théorie du mouvement (XIVe-XVe siècles)*, Villeneuve d'Ascq, Presses universitaires du Septentrion, 2008, p. 31-58.

– *Théories des rapports (XIIIe-XVIe siècles): réception, appropriation, innovation*, Turnhout, Brepols, à paraître.

RUSNOCK, Paul, « Oresme on Ratios of Lesser Inequality », *Archives Internationales d'Histoire des Sciences*, fasc. 135, n° 45 (1995), p. 263-272.

SYLLA, Edith D., « Compounding Ratios, Bradwardine, Oresme, and the First Edition of Newton's *Principia* », dans E. Mendelsohn (ed.), *Transformation and Tradition in the Sciences, Essays in Honor of I. Bernard Cohen*, Cambridge, Cambridge University Press, 1984, p. 11-43.

– « Transmission of the New Physics of the Fourteenth Century from England to the Continent », dans Stefano Caroti et Pierre Souffrin (éds.), *La nouvelle Physique du XIVe siècle*, Firenze, Leo S. Olschki, 1997, p. 65-110.

INDEX DES AUTEURS

Les Anciens

Les Modernes

INDEX DES NOTIONS

TABLE DES MATIÈRES

Ce volume,
le septième
de la collection « Sagesses médiévales »
publié aux éditions Les Belles Lettres,
a été achevé d'imprimer
en décembre 2009
sur les presses de l'imprimerie Barnéoud,
53960 Bonchamp-lès-Laval, France.

N° d'éditeur : 6973
N° d'imprimeur : 912054
Dépôt légal : janvier 2010